U0174745

DESIGN

从入门到精通

六节课玩转版式设计

[日]大里浩二◎著
优莱柏◎译

北京联合出版公司
Beijing United Publishing Co.,Ltd.

图书在版编目(CIP)数据

从入门到精通：六节课玩转版式设计 / (日) 大里浩二著；优莱柏译. -- 北京：北京联合出版公司，2022.9

ISBN 978-7-5596-6243-9

Ⅰ. ①从… Ⅱ. ①大… ②优… Ⅲ. ①版式－设计－教材 Ⅳ. ①TS881

中国版本图书馆CIP数据核字(2022)第121135号

Graphic Design Basic Course by Koji Osato
Copyright ©2016 Koji Osato
Copyright ©2016 Genkosha Co., Ltd.

从入门到精通：六节课玩转版式设计

作　　者：[日] 大里浩二
译　　者：优莱柏
出 品 人：赵红仕
选题策划：厦门优莱柏网络科技有限公司
　　　　　厦门外图凌零图书策划有限公司
责任编辑：管　文
装帧设计：孟　迪

北京联合出版公司出版
（北京市西城区德外大街 83 号楼 9 层　100088）
北京联合天畅文化传播公司发行
厦门集大印刷有限公司　新华书店经销
字数 80 千字　787 毫米 ×1092 毫米　1/16　11 印张
2022 年 9 月第 1 版　2022 年 9 月第 1 次印刷
ISBN 978-7-5596-6243-9
定价：76.00 元

版权所有，侵权必究
未经许可，不得以任何方式复制或抄袭本书部分或全部内容
本书若有质量问题，请与本公司图书销售中心联系调换。
电话：010-65868687　010-64258472-800

前言

本书是平面设计教程类书籍，旨在帮助有志成为设计师，或刚刚成为设计师的朋友掌握设计理论及知识，并将其转化为技巧，灵活运用于工作之中。

自从电脑得到普及，各种功能强大的软件得到广泛应用后，进入设计领域的门槛陡然降低。另一方面，即使不通过扎实的学习来掌握这门技术，仅靠审美能力或工具，也可以轻松设计出视觉效果很好的作品。随着工具功能的逐渐增多，输出逐渐便利，设计方案已层出不穷。此外，各种技巧也都可以通过网络迅速掌握。

便捷的同时，对于“什么才是真正的设计”这个问题，或许设计师本人有时也会迷茫。

在设计中，工具不能代替一切，仅凭审美能力也并不能畅通无阻。审美能力需要日积月累的培养，规则和技巧也需要不断地学习才能掌握运用，这两方面必须齐头并进。

因此，本书中的插图并不是单纯的理论图，而是出自专业设计师之手的设计实例。希望读者能够一边阅读理论讲解，一边对照实例，对设计有一个重新的认识，了解到设计凭借的不仅仅是审美能力，更是对其中每个环节内在依据的掌握。

本书由以下三大模块构成。

基础篇

通过列举大量设计实例，为读者讲解设计师必备的设计基础理论。以此告诉读者，要想设计出好的作品，需要掌握哪些基础知识。

练习篇

体验如何运用简单成分和普遍要素进行设计练习。全面学习设计要素的作用和运用方法。

实践篇

结合专业设计师的实际工作，讲解如何推进设计的流程及思路。设计师在完成设计产品的过程中，除设计技巧之外，还需要具备很多其他知识。故本书还大量收录了服务于实际设计工作的业务构架，以及制作管理方面的知识，以帮助读者更好地完善整体设计流程。

理论及规则是优秀设计的基础。只有基础过硬，才有足够的自信打破规则，剑走偏锋。笔者殷切地希望诸位读者朋友能从本书中获益，孕育出更多别出心裁的设计作品。

本书阅读指南

Basic

〈基础知识〉教程

Introduction　**Part 1**

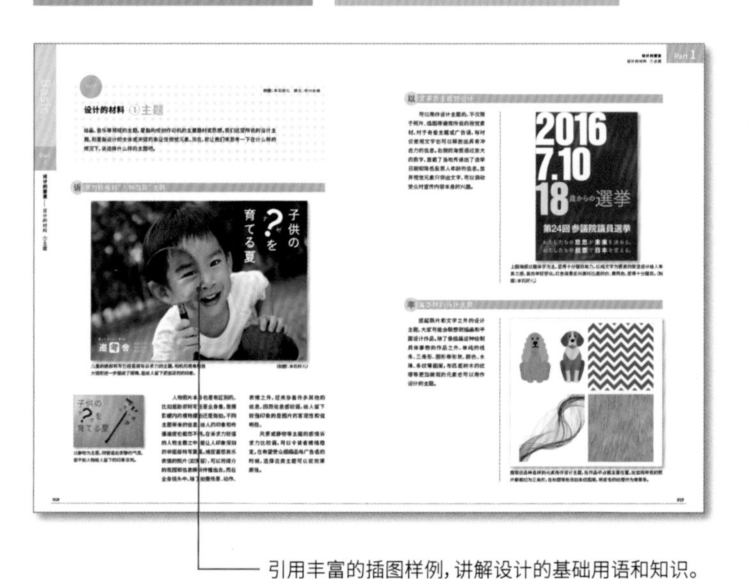

采用跨页的版面设计，主题一目了然，初学者也能轻松掌握平面设计的基础知识。

引用丰富的插图样例，讲解设计的基础用语和知识。

〈理论学习〉教程

Part 2

采取一面跨页对应一个主题的形式，讲解设计的理论知识。对基本的设计技巧进行简洁易懂的说明。

引用原创样例，让读者实实在在地学到设计理论及其应用方法，看到真实的效果。

Exercise

〈自己动手加深理解〉练习

Part 3　　Part 4　　Part 5

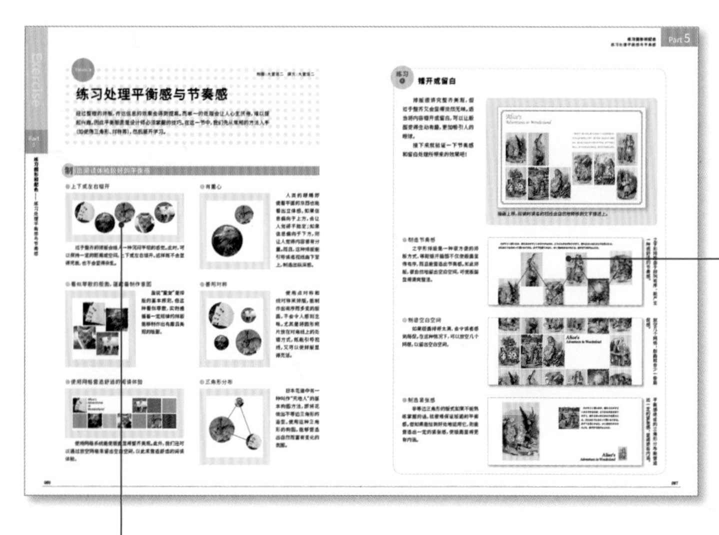

在“练习”模块中，读者可以运用每个小节中讲解的主题技巧，进行排版及设计的练习。

在练习篇中，读者将依据设计元素的功能，进行实际的设计练习。

让读者理解，即便相同成分相同搭配，但呈现效果却因实际操作手法而异。

Practice

〈模拟实操学以致用〉实践

Part 6

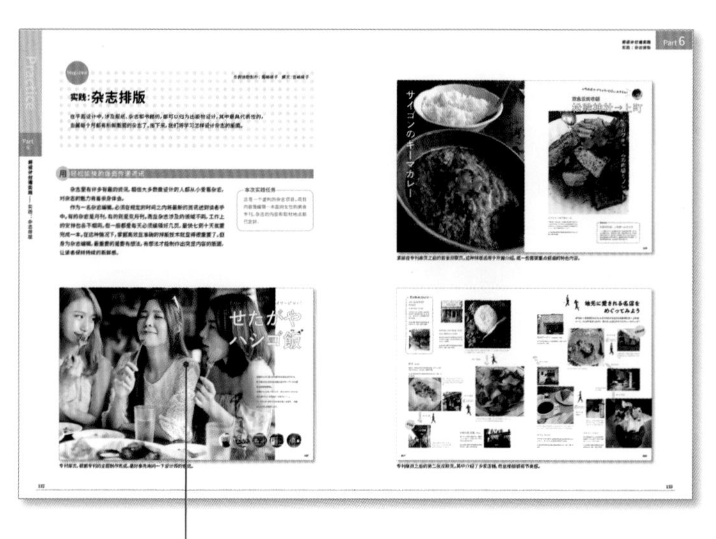

通过模拟实际的设计工作，向读者介绍设计师在创作中的流程和思路。

以平面设计中常见的五个类别（宣传册、商品标签、杂志排版、书籍装帧设计、商店用品）为例。

目录Contents

简介 Introduction

开篇　开始设计吧　001

什么是设计　002
设计也是一种信息整理　004
设计的媒体/工具　006

基础篇 Basic

Part 1　设计的要素　009

设计的必要条件 ①主题　010
设计的必要条件 ②目标群体　012
设计的媒介 ①尺寸　014
设计的媒介 ②媒介特点　016
设计的材料 ①主题　018
设计的材料 ②解构书籍/杂志　020

Part 2　设计的构造与效果　023

构造① 横排与竖排　024
构造② 文字对齐方式　026
构造③ 网格排版　028
构造④ 版面率　030
构造⑤ 页面的分割与比例　032
构造⑥ 编组　034
效果① 文字的跳跃率　036
效果② 照片的跳跃率　038
效果③ 留白的功能和应用　040
效果④ 平衡感与节奏感　042
效果⑤ 字体　044
效果⑥ 文字排列　046
效果⑦ 图表与示意图　048
效果⑧ 色彩的印象　050

练习篇 Exercise

Part 3 “构成”练习：在卡片设计中学习 053

线的练习 054
面的练习 058
练习处理留白 062

Part 4 使用文字练习 067

使用西文练习 068
使用日文练习 072
练习设置跳跃率 076
练习分组 080

Part 5 练习图形和配色 085

练习处理平衡感与节奏感 086
应用网格系统 090
配色的基础 094
配色练习 100

实践篇 Practice

Part 6 将设计付诸实践 107

实践：宣传册 108
运用分组有规律地对照片进行排版 118
凑不成对的照片可用拼贴手法排版 120
实践：地方汽水的瓶身标签 122
将字标放在中心的复古式设计 128
实践：杂志排版 132
从细节上修饰版面 140
实践：书籍护封 142
设计护封 148
实录！护封的校对和修改方法 150
实践：重新塑造商店用品 152
商标的拓展应用 158

附录 Appendix

附录①：Q（级数）、Pt（磅数）换算表 162
附录②：标准尺寸表 163
附录③：mm（毫米）、级数（H）、英寸、派卡（12pt）换算表 164

专栏 Column

了解平面设计的参考书籍 008
街头是设计灵感的宝库 022
信息图的参考书籍 052
展示作品集 066
与文字有关的参考书 084
配色参考书 106

索引 165

Introduction 简介

开篇

开始设计吧

现如今，除了广告界，经济、教育等其他领域也都已经认识到设计的重要性。本篇中，我们从了解什么是设计、认识设计领域开始介绍，带领大家逐步走近“优秀设计”。

撰文：宫崎绫子

什么是设计

“设计”的重要性正在不断提升。为什么有人会提出“什么样的设计才是好的设计”或“审美能力是设计工作必需的吗”之类的问题？接下来，我们就先与平面设计拉开一段距离，带您领略设计的全貌，再去寻找这些问题的答案。

什么是平面设计

平面设计是一种通过视觉进行交流或传达信息的造型表现形式，也被称为视觉设计或视觉传达设计。

通过视觉进行交流的载体种类十分广泛，如海报、传单、杂志、书籍、报纸、包装纸、包装箱、字标、商标、图示等。虽然平面设计与产品设计、工艺设计和建筑设计有相似的部分，但平面设计所涵盖的范围，还是以平面视觉画面为主。

设计的概念最早提出于19世纪。因此我们接触设计至今也不过200年左右。近年来，设计的重要性不断提高，涵盖范围不断扩大。究其原因，在于随着电脑的普及，任何人都可以使用电脑来完成视觉交流。

今天，只要有电脑和软件，任何人都能设计印刷品。良好的网络平台交流，需要相关商务人士也具备一定的设计技能。因此，与日常生活及商业两方面相关的设计，今后或将变得越来越重要。

商业平面设计的起源之一，就是由画家们绘制的海报这幅字体与插画相结合的设计，也是广告海报的开山鼻祖。

红磨坊的贪食者海报｜亨利·德·图卢兹·罗特列克，1891年

了解设计的力量

设计之所以如此重要，是因为设计的力量实在太强大了。

举个例子，用设计引发用户的购买欲，将商品很好地推销出去，这就是设计的作用之一。此外，设计不仅能够打动人心，还可以解决问题。比如说，当居住空间过于狭小时，好的设计可以最大限度地发挥创意性思维，通过设计让空间更加合理化运用，无形中增大空间的使用面积，方便人们的生活需求。通用化设计（全民设计）所提供的“便利性”可以让生活变得更美好。

所以，设计让整个社会变得更加美好。也就是说，设计拥有一个伟大目标，那就是“让人们更加快乐”。

●通过实例感知设计的力量

机械也与设计息息相关。请看左图中的新干线，它的外观设计不仅满足了高速的功能要求，更提供了未来感与速度感兼具的视觉交流。

在刻板冰冷的电脑设计中融入“时尚”元素，改变其原有印象。如左图中的iMac，苹果公司至今仍在视觉效果的设计上精益求精。

自动门的设计理念，是要方便所有人进出。相较于旋转门和手动开关的大门，自动门更便于借助轮椅行动的人和儿童使用。这便是通用化设计的一个实例。

与网页和应用程序设计之间的差异

网页设计和应用程序设计虽然也属于平面设计，但是其中还包含大量诸如动画之类的动态元素。我们要认识到，两者均为用户界面服务，是整个网页或应用程序的工具，与纸张上的平面设计有所区别，只是在很多情况下，它们与平面设计的思路是相通的。

基于良好视觉体验的设计可以使人们在网络上舒适地浏览商品或阅读新闻。（上图为婴儿车制造商的主页）

制图：大里浩二　撰文：宫崎绫子

设计也是一种信息整理

现如今，诸多场合都对平面设计技能有所要求。其原因之一，就是信息的泛滥。在这个海量信息的时代里，平面设计的专业技巧与知识，恰恰是信息整理必备的手段。

信息传达的规则

大家在打电话时，大概都有过这样的经历：因忘记拨打区号，而被告知“您拨打的号码是空号”。或是在制作蛋糕时，因为顺序出错，导致蛋糕未能如愿膨胀起来。这些都属于只要按照流程遵守规则去做，就可以顺利完成的事，相反，一旦弄错流程就很可能功亏一篑。设计也具有类似的性质。

设计是一种高维度的传达方式，可以瞬间传达多种信息。但如果流程错误，设计作品就会走形与设计理念产生偏差，无法传达真正的意图。

虽然设计中有一部分是依赖于“感性”的直觉或个人喜好的，但平面设计绝大部分更需要大量的专业技巧，在排版印刷中也有不少根植于传统的习惯。随着技术的进步及载体的变化，规则也会发生变化。只有将这种规则应用于设计，设计出的作品才能更顺利地传达设计者的意图。

●各种信息传达流程

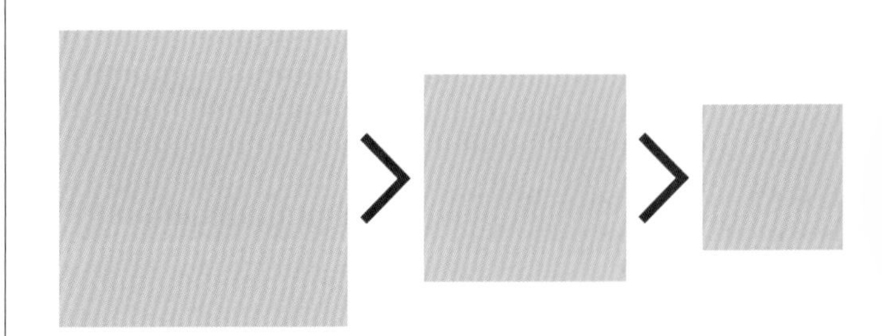

按照从大到小的顺序逐步解释。从一个大的主题逐步向细节过渡，有助于有条不紊地掌控流程。

按照编号顺序进行。使用编号来表明顺序，可以简单易懂地指明道路或展现烹调等有一定步骤的信息。

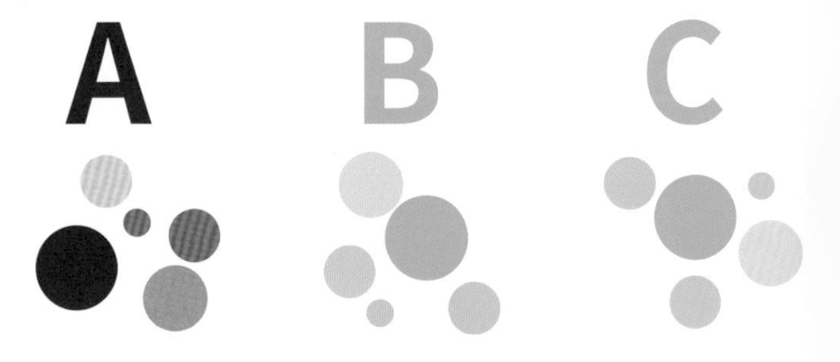

分类也可以使信息清晰明了。面对大量信息时，建立某种分类可化繁为简。

区分传达信息的对象

设计的职能之一是形成差异化。设计师的工作不在于设计出“我喜欢的东西”，而应根据不同的传达对象，设计出有差异化的产品。

“使商品看起来很昂贵”是差异化的一种表现，但其实形成差异化的思路和角度非常多元。每个类别都有一套与之相对应的设计理论。

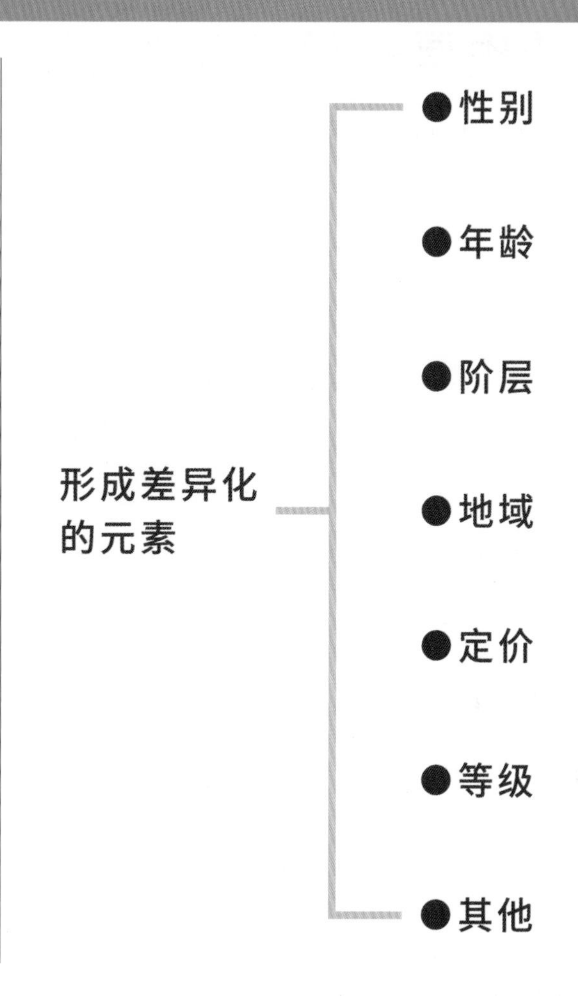

设计就是制定规则

设计是一项非常知性的工作。设计与艺术的差别之一，是“设计规则”的重要性。商业平面设计大多是团队合作，因此尤其需要制定一些“规则”，便于大量生产，而不是仅凭感觉去设计。个人使用电脑创作的单品设计固然存在，但是其中也包含着设计的规则作为依据。从这个意义上来看，考虑每个细节的设计依据就变得很重要了。

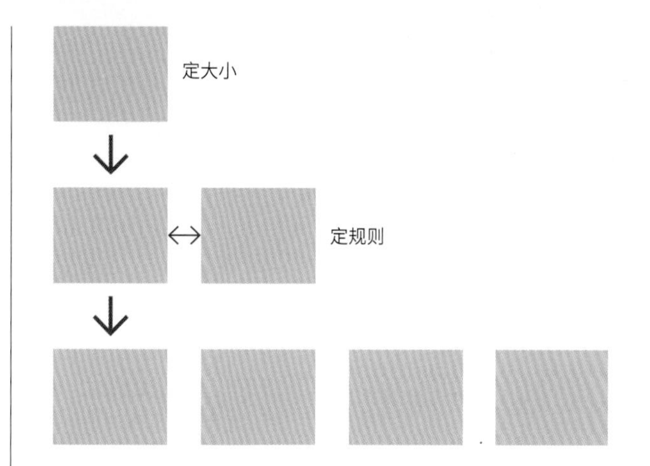

通过重复多次的等距排列整理信息，信息变得清晰明了。决定排列的方向及间距等规则，正是设计的主要工作。

撰文：宫崎绫子

设计的媒体/工具

设计工作离不开媒体，而不同的媒体又会带来不同的目标群体。因此设计师应时刻注意，媒体所面向的是什么样的读者或用户。此外，本节还会简单介绍设计师所使用的工具。

媒体的变迁

说起平面设计的起源，大概可以追溯到发明活字印刷的时代。随着技术的不断革新，受欢迎的媒介形式在不断发生变化，而设计的手法，以及人们对设计表现形式的要求也随之发生改变。

我们不能否认，设计的潮流及作用，是会随着媒介形式和时代的变迁而发生变化的。

《四十二行圣经》(拍摄：NYC Wanderer)

15世纪

活字印刷发明之后，复制的工作变得简单，出版文化开始繁荣。高价书十分重视可读性、保存性及美观度。书籍的装帧、排版由印刷工和活字工来完成，再后来，书籍的装帧设计便开始交给画家来完成。

PC游戏“The Manhole”

CD-ROM 电子书“LULU”

20世纪90年代

20世纪90年代，电脑开始普及后，以CD-ROM(光盘)为代表的多媒体内容出现在历史舞台上。这些界面设计的发展也惠及了今天的网页、电视等交互界面设计。另外，被称为“电子书籍”的产品也出现在这个时期。

由阿列克谢·布罗多维奇担任艺术设计的《时尚芭莎》

20世纪50年代

20世纪中叶，融合了活字、照片、插画、版面等元素的美国高品位时尚杂志，大幅改变了信息载体的状态。主持杂志设计工作的AD(美术指导)在业界开始大显身手，这便是那个时代业界的一大特点。

现在

随着智能手机和平板设备的发展，大量即时通信软件、电子书籍等新媒介开始登场。这些新媒介的界面设计也属于平面设计的领域。

设计师的笔和工具

在今天，数字化软件已然成为主流的设计工具。一般来说，设计师使用的电脑是Mac，软件是Adobe公司的Creative Cloud（简称Adobe CC）。

此外，设计师还会单独或成套购买高质量的字体库。

从事某些业务的个人设计师，有不少是不购买打印机的。但是如果希望在印刷前确认成品的效果，还是建议准备一台能较好还原色彩的喷墨打印机或激光打印机。

Adobe Photoshop（PS）是一款可进行修图、制图的位图图像编辑软件，既可以对照片进行简单的修改，又可以进行深度的图像加工，是不少设计师制作网页的主要软件。

Adobe InDesign（ID）是一款专用于排版杂志等“印刷品”的软件。作为一款专业的排版软件，ID已成为业界的标杆。其界面与AI的十分接近，但是ID的排版功能更加丰富。

Adobe Illustrator（AI）顾名思义，是一款插画绘制软件。通过调整软件中贝塞尔曲线的锚点，可以绘制出流畅的线条。AI不仅可以绘制插画，还适用于制版，广泛应用于T恤等商品的图样制作，偶尔也用于制作书籍或杂志的版面。

用来做设计的电脑，在操作系统方面没有特别的要求，但平面设计师大多喜欢使用Mac。此外因为不同的软件版本对操作系统的版本是有限制的，所以在更新版本时必须注意是否兼容。

在漂亮的平面设计中使用优美的字体，是专业设计师的常识。对日本设计师来说，集齐所有字体所需的费用十分高昂，很多设计师包年付费，使用MORISAWA公司的“Morisawa Passport”，其中含有1000多种高品质字体。除此之外，“Fontworks Lets”也是颇受欢迎的产品。

了解平面设计的参考书籍

想要了解艺术史或设计史的朋友，推荐阅读下列书籍。
了解了设计诞生的时代背景和原因之后，你会对设计有新的理解。

『グラフィック·デザインの歴史』(《平面设计的历史》)

创元社 2005年
Alain Weill 著　柏木博 编

该书作者是一位平面艺术家、广告研究员，曾任巴黎广告博物馆馆长。该书以19世纪末欧洲商业设计的兴起为起点，收录了直到网络时代到来为止的大量划时代的设计图，汇集了150年间平面设计历史的精华，有助于读者了解与平面设计相关的关键词和关键人物。

『デザイン解体新書』(《设计解析新书》)

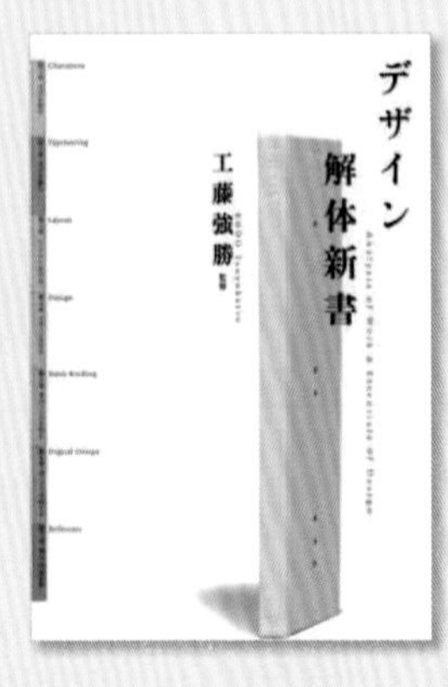

Works Corporation 2006年
工藤强胜 编

该书教读者通过"指定纸"来学习平面设计的经验与知识。所谓的指定纸，是在电脑设计普及之前，由设计师为操作人员和工匠手写的指导书。该书的编者工藤强胜在书中对过往为书籍、杂志所写的精细指导书进行解析，同时按照文字、文字排列、排版的顺序，讲解了通用的设计理念。

『新版graphic design：視覚伝達デザイン基礎』(《新版graphic design：视觉传达设计基础》)

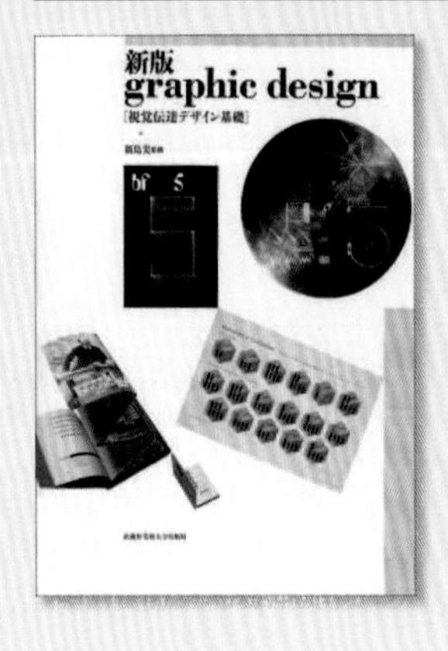

武藏野美术大学出版局 2012年
新岛实 编

该书是2004年出版的《graphic design：视觉传达设计基础》的新版。该书将平面设计理解为一种视觉化解决方案，这种解决方案可以通过照片、插画、文字、活字、色彩或形状来实现，可以单独拿出一样来使用，亦可组合使用。除印刷技术前提下的平面设计，该书还更广泛地涉及了多种视觉语言及文字的组合设计等内容。读者可以通过阅读日本设计界顶尖人士的作品及作品讲解来学习平面设计。本书为A4尺寸的大开本，收录了年表和人名集等信息，颇具参考价值。

Basic

Part 1

设计的要素

设计不是坐在电脑前就能凭空冒出来的。必须事先就有明确的目的，清楚自己的传达对象是谁以及该用何种传达方式，要考虑主题、目标、尺寸、特性和设计原型的选择……学习设计的第一个阶段，就是在充分理解上述要素的基础上不断尝试，直到创作出基本符合要求的作品。

制图：本石好儿　撰文：宫崎绫子

设计的必要条件 ①主题

无论是广告还是宣传册，在设计之初首先要明确其主题和目的，要提炼出最希望传达的信息，考虑如何将其转化为更便于传达的视觉形式。

什么是设计的“主题”

所有的设计，其中必定蕴含着设计者希望表达的目的、意图、信息等主题。仅海报广告这一项，就包含丰富多样的目的和主题。比如活动通知（以招揽顾客为目的）、新品宣传、公关宣传（以提高企业知名度为目的）、公益广告（如禁止乱扔垃圾）等。因此，动手设计之前明确设计的主题十分重要。视觉效果美观、规整，却无法将主题传达给受众的设计都是毫无意义的设计。

确定了主题之后，在设计中要添加何种元素就一目了然了。比如活动通知需要活动的名称、时间、地点；新品宣传需要商品的名称、功能、主要效果。关键是要明确赋予受众何种印象、希望受众采取何种行动和反应（如购买、带动购买等）、找到重点。确定好主题以及预期目的，你的设计中需要凸显的核心才能确定。

设计的目的多种多样。制作海报、传单的目的，是将商品或活动等信息广而告之，其关键是照片或复印件的质感。而在零售店，旨在让顾客顺手取下购买的书籍或其他商品，它们的装帧或包装必须具备极为优秀的视觉效果和标识，才能把书籍内容、食物的味道等商品特征展现出来。（带※标识的设计：Maniackers Design）

将信息整理得简明易懂

为了将主题或信息更加简明易懂地传达给受众，就必须对设计的要素进行整理。左侧的作品只是将信息进行了简单的罗列，很难让人抓住关键信息，因此无法扣住受众的心弦。我们需要根据不同的重点，区分各种信息的主次，进而设计出让人印象深刻的视觉效果。（制图：本石好儿）

改变设计的风格

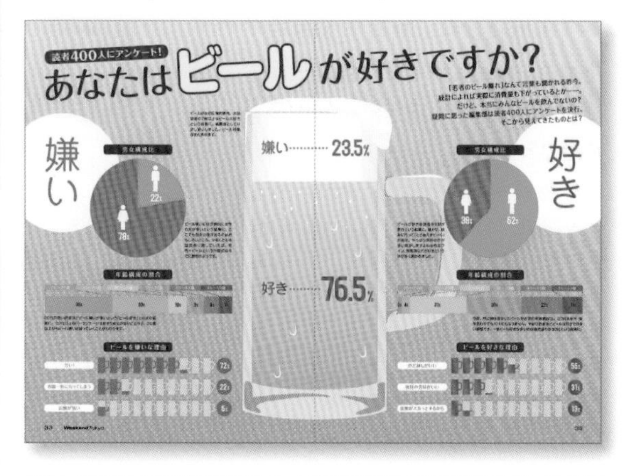

通过对各种元素进行编排组合，可以设计出风格迥异的作品。比如照片的色调和数量、整体配色的视觉效果、字体及插图的选择等。预设的主题可能是“喧闹明朗的感觉”或“恬静沉稳的感觉”，设计时为了避免偏离主题，必须找出与之匹配的表现形式。

制图：本石好儿　撰文：市川水绪

设计的必要条件 ②目标群体

明确了设计要表达的内容之后，就要考虑将内容传达给“什么人”。按性别、年龄等差异性因素锁定目标群体，才能更有效地表达出设计的诉求。

面 向哪一类群体进行设计

设计主题确定之后，还要明确这个主题将要传达给哪一类人。好比举办一次商品促销活动，必须瞄准特定的消费群体进行推广，如“单身的年轻女性”“家中有小学生的家庭”等。同理，在做设计的时候，考虑信息受众的相关情况也十分重要。

比如，面向女童的玩具广告，与面向30～40岁年龄段的工薪阶层男性的服装广告相比，无论对象喜欢的色彩还是所需的商品形象都是截然不同的。以性别、年龄、职业、家庭成员的构成、兴趣爱好等作为基准对消费人群加以区分，可以为目标群体做出效果更好的设计。

当然也存在以所有人为目标的情况，这就需要考虑一套便于向所有人传达，并为其所接受的表现形式。总而言之，设计师必须为自己的作品设想一类受众，并站在受众的立场上进行设计。

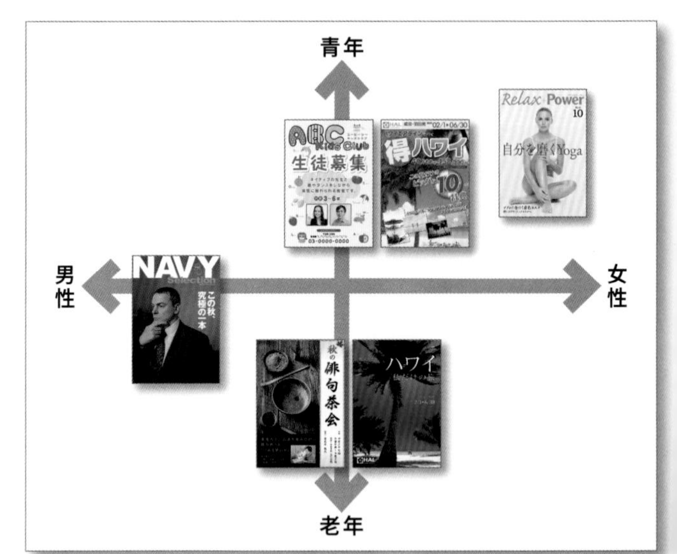

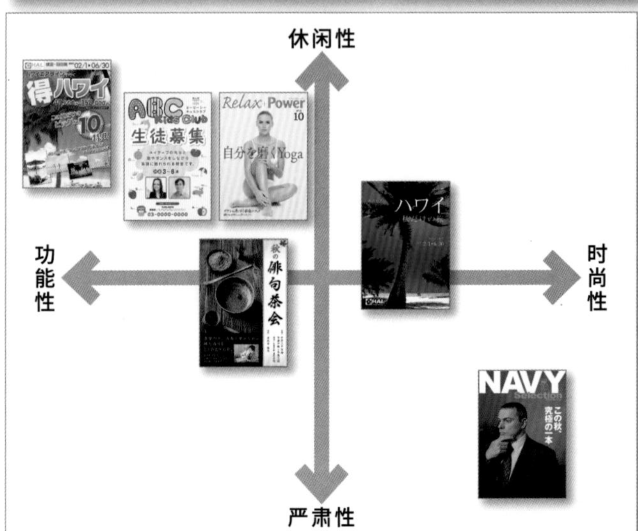

根据年龄和性别这两个代表性的指标，可以锁定和把握大致的目标群体。除此之外，还可以建立各种分类指标，来定义设计作品的受众，比如偏好的生活方式、职业、收入、时尚偏好等。

注重性别

男女之间喜好的差异，是决定设计方向性的重要因素之一。一般来说，女性喜欢粉色、红色等暖色系，而男性偏爱蓝色等冷色系。另外，女性容易对柔和的曲线或色调柔和的照片产生共鸣。相反，直线打造出的强有力的印象，或阴影比较重的照片，则令人联想到男性的形象。由此可见，对画面质感和主题的选择非常重要。

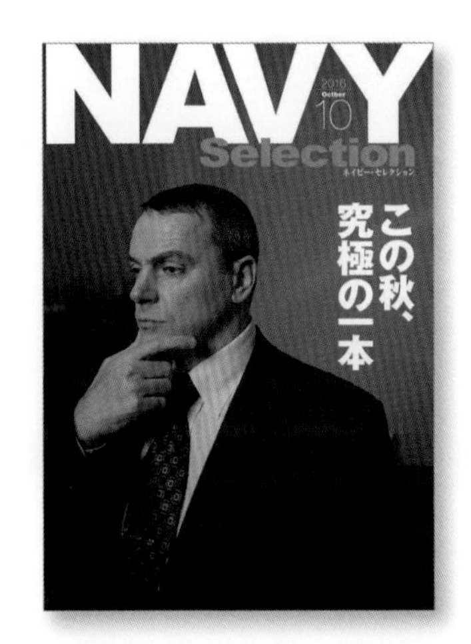

注重年龄层

流行且富有动感的设计适合年轻人，沉着稳重的设计则适合老年人，故以年龄层为依据进行有针对性的设计也很重要。虽然普遍认为缤纷的配色、绚烂的设计比较适合儿童，但学龄前儿童和初中生相比，偏好的风格和容易产生共鸣的表现形式却有很大不同。以此为指标，可以对目标群体做更细的划分。特别是在文字的大小或字体等方面，考虑目标群体的年龄层非常重要。

注重兴趣爱好

还有一类指标是用户的兴趣或生活方式。比如设计旅行宣传单，以价格和旅行计划等信息为主进行排版的设计，能给消费者带来价格实惠、内容丰富的感觉；而用一张大篇幅的照片进行设计，则可以强调出其高品质及舒适性。思考消费者拥有何种价值观，偏爱何种生活方式，对于设计师锁定目标群体也十分有利。

制图：大里浩二　撰文：市川水绪

设计的媒介 ①尺寸

广告给受众的印象会因媒介尺寸而异。可拿在手中查看的手机屏幕、悬挂在列车车厢内的广告位、巨大的户外广告牌等带给受众的感受各不相同。设计师应该对不同媒介的尺寸了然于心，才能预想观看效果以便设计。

媒介尺寸&媒介与受众之间的距离

从在远处观看的海报和悬挂广告，到近距离观看的杂志和手机屏幕，距离不同，受众对信息的获取方式，以及所获得的印象也不同。观看的距离越远，媒介的尺寸越大，反之则越小。

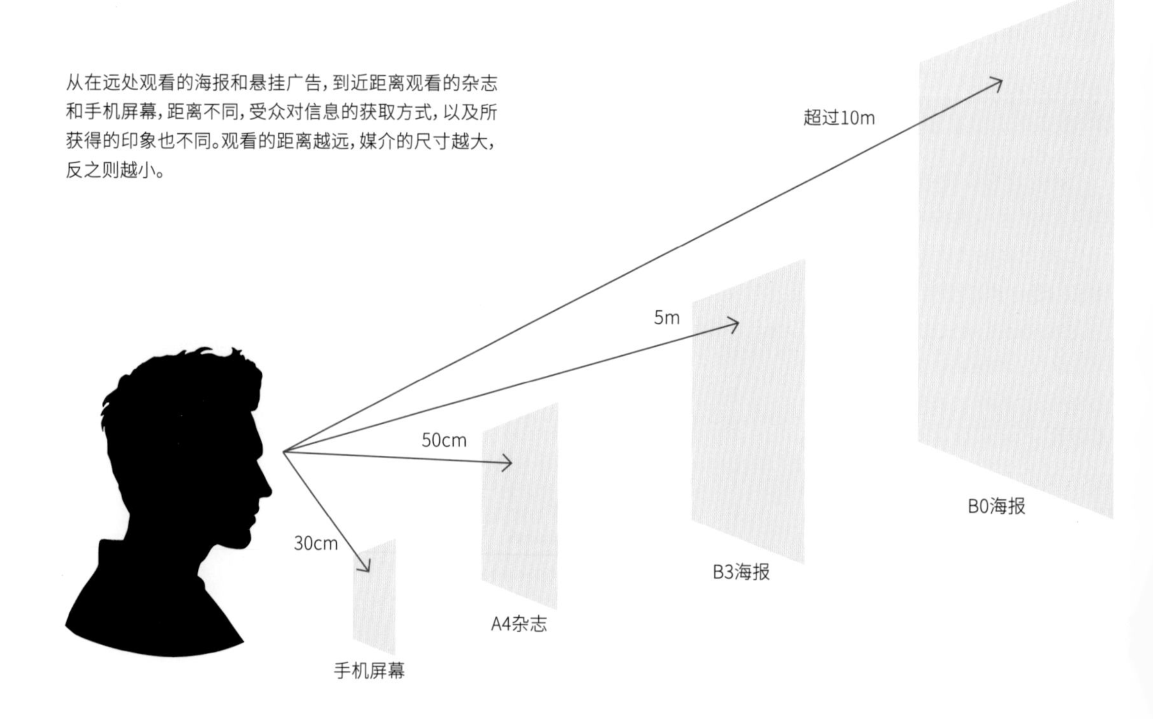

建筑设计也是如此，只有一开始就对成品的尺寸心中有数，才能顺利地进行设计。从巨大的广告牌到可以置于掌心的手机屏幕，设计的媒介有许多尺寸。即便广告内容相同，设计方式和排版也要随成品的物理尺寸进行改变。

因此，对设计师来说，明确媒介与受众之间的"距离"非常重要。比如海报或广告牌是被大量流动人群从远处看到的，为了在极短的时间内将信息传达给他们，广告作品的组成元素（如简洁的广告语）必须最大限度地进行精简。一般来说，高辨识度的粗体字、醒目的配色等，都可以营造出具有冲击力的视觉效果。

而杂志广告与读者的距离非常近。人们会花费较长时间阅读杂志，而且很可能放在手边不时翻阅，因此可以添加的元素和信息比海报要丰富。想象受众在什么情况下会接触到设计作品，可以帮助设计师明确作品媒介的实际大小。

印刷媒介的尺寸

单位:mm

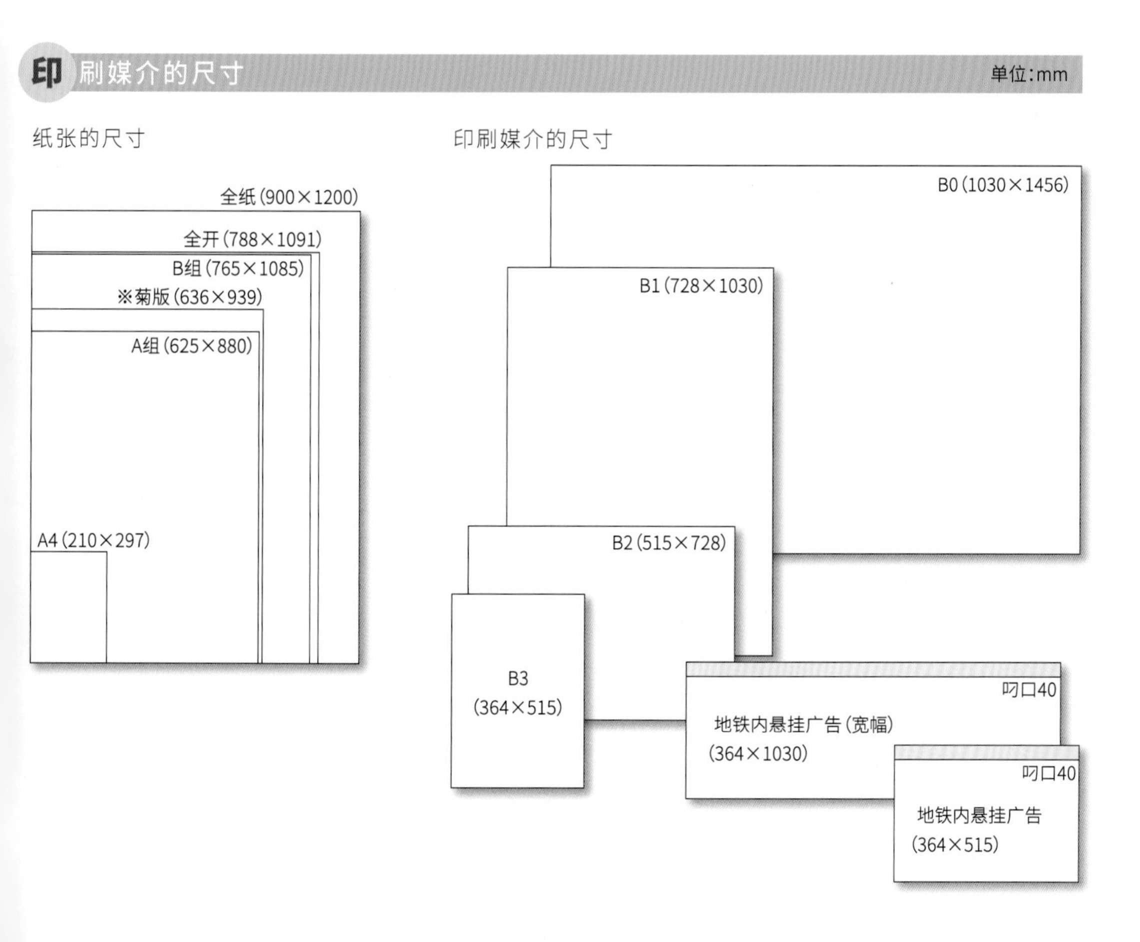

制作杂志和书籍时，一般根据JIS规格(※)，将“原纸”裁成A组、B组、菊版等不同尺寸。比如，将A1尺寸(594mm×841mm)的长边对半裁，即可得到A2尺寸。将其长边再对半裁，即可得到A4尺寸，即一般的复印纸的尺寸。印刷品纸张的尺寸，长宽比一般设为1∶$\sqrt{2}$，如此裁出的纸张才不会造成浪费。

※ 菊版是指承袭明治时代并沿用至今的印刷标准。

※ 日本工业标准的简称。

电子媒介的尺寸

单位:pixel

电脑显示器(1920×1080)

平板电脑
(768×1024)

手机屏幕
(320×568)

电脑、平板设备、手机等电子媒介的屏幕尺寸，并不像印刷纸张那样有规格要求，因此每种设备的长宽比都各不相同。这些电子产品的液晶显示器规格不断更新，要做出适合所有版本终端的设计，是件异常棘手的工作。以手机为例，一般是以iPhone7的尺寸为标准，在此基础上进行设计。

制图：平野雅彦、野口里子　撰文：市川水绪

设计的媒介 ②媒介特点

涉及平面设计的媒介丰富多样，包括杂志、海报、网页等。不同媒介有不同的排版要点，想要做出最合适的设计，就需要对不同媒介的特点有足够的认识。

了解媒介的特点

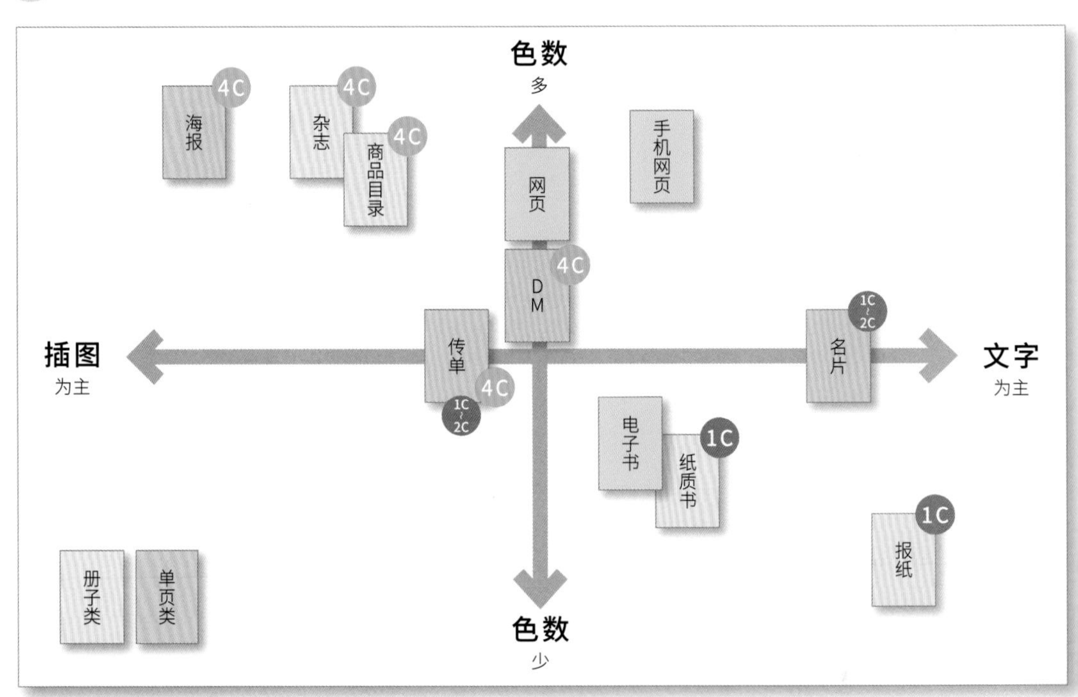

设计的媒介如果发生变化，设计的条件及要素也自然随之变化。比如是纸质还是电子；是成册还是单页；是以插图为主还是以文字为主；是彩色印刷还是黑白印刷；等等。设计师应对平面设计所涉及的广泛领域都有所了解。

平面设计的印刷媒介包括杂志、书籍等出版物；传单、海报等广告品；名片、DM（快讯商品广告）等小型印刷品。另外，网页、电子书等在屏幕上阅读的电子媒介的排版，也属于平面设计的范畴。虽然每种媒介在传达信息这一根本目的上是共通的，但设计时应考虑不同媒介的特点，它们在信息量、受众的阅读场景、阅读时间上有着迥异的特性，因此设计时必须要学会选择合适的尺寸、印刷色数、纸张。

印刷媒介大致分为“册子类”（如杂志）和“单页类”（如海报）。册子类中，杂志和商品目录由于要大量刊载照片，内页大多采用四色印刷；而小说等以文字为主的书籍，则基本采用单色印刷。同样的广告印刷品，用纸的种类也因作用而异。例如张贴于室外的大型海报一般选择抗风雨侵蚀的铜版纸；大量派发、便于受众携带的传单，则选用轻薄的纸张。可见，媒介的选择，也是设计时重要的考量因素。

印刷的色数

以优美的风景、最新的时尚摄影等丰富的照片诱发读者兴趣及购买欲的杂志，或注重反映商品实际色彩的商品目录，都必须用四色印刷。而名片、店铺卡片等以文字为主的小型媒介，则一般多为单色或双色印刷。减少色数不仅可以降低成本，还可以利用一些特殊的表现形式使其更加抢眼。（设计：Maniackers Design）

基本版式与自由版式

页数较多的杂志或书籍，因文章篇幅较长而需仔细阅读，其内页多以“基本版式”排版。这是基于媒介形成的基本版式的雏形，如此这般设置一个通用规则，更方便多位设计师或编辑平行作业。而海报和其他单页媒介则基本采用自由版式。

制图：本石好儿　撰文：市川水绪

设计的材料 ①主题

绘画、音乐等领域的主题，是指构成创作动机的主要题材或思想。我们这里所说的设计主题，则是指设计的主体或关键的象征性视觉元素。现在，就让我们来思考一下在什么样的情况下，该选择什么样的主题吧。

诉求力较强的“人物面部”主题

儿童的面部特写已经是很有诉求力的主题，相机的视角和放大镜则进一步强调了眼睛，能给人留下更加深刻的印象。　（制图：本石好儿）

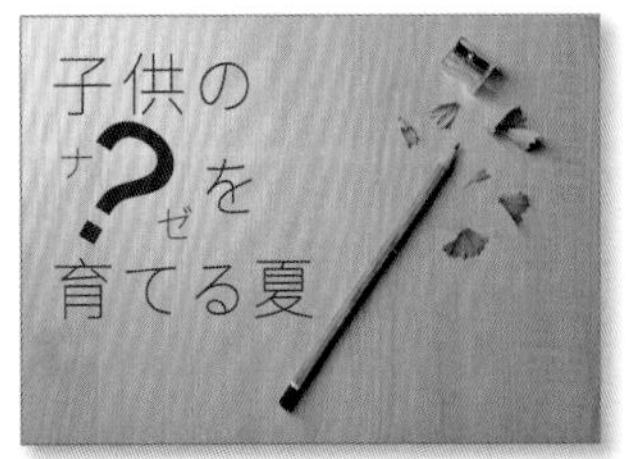

以静物为主题，则营造出安静的气氛，但不如人物给人留下的印象深刻。

人物照片本身也是有区别的，比如是脸部特写还是全身像，是摄影棚内的模特摆拍还是街拍。不同主题带来的信息，给人的印象和传播速度也截然不同。在诉求力较强的人物主题之中，能让人印象深刻的非面部特写莫属。捕捉喜怒哀乐表情的照片（如笑容），可以将媒介的氛围和信息瞬间传播出去。而在全身镜头中，除了拍摄场景、动作、表情之外，还夹杂着许多其他的信息，因而信息感较弱，给人留下较强印象的是图片的客观性和说明性。

风景或静物等主题的感情诉求力比较弱，可以令读者情绪稳定。在希望受众细细品味广告语的时候，选择这类主题可以说效果颇佳。

以文字为主题的设计

可以用作设计主题的，不仅限于照片、插图等通常所说的视觉素材。对于有些主题或广告语，有时仅使用文字也可以释放出具有冲击力的信息。右侧的海报通过放大的数字，直截了当地传递出了选举日期和降低投票人年龄的信息。放弃视觉元素只突出文字，可以调动受众对宣传内容本身的兴趣。

上图海报以粗体字为主，显得十分强劲有力。以纯文字为要素的简洁设计给人率真之感，直击年轻受众。红色背景反衬高对比度的白、黄两色，显得十分醒目。(制图：本石好儿)

丰富多样的设计主题

提起照片和文字之外的设计主题，大家可能会联想到插画和平面设计作品。除了像插画这种绘制具体事物的作品之外，单纯的线条、三角形、圆形等形状，颜色、水珠、条纹等图案，布匹或树木的纹理等更加微观的元素也可以用作设计的主题。

提取出各种各样的元素用作设计主题，在作品中占据主要位置。比如将所有的照片都裁切为三角形，在标题等处添加条纹图案，将皮毛的纹理作为背景等。

制图：大里浩二　撰文：市川水绪

设计的材料 ②解构书籍/杂志

在印刷的漫长历史中，书籍和杂志已经形成了一定的样式。因此市面上流通的出版物几乎都是在此基础上进行设计的。本节将为读者介绍出版物的基本结构，以及各个组成部分的名称。

书籍的结构及名称

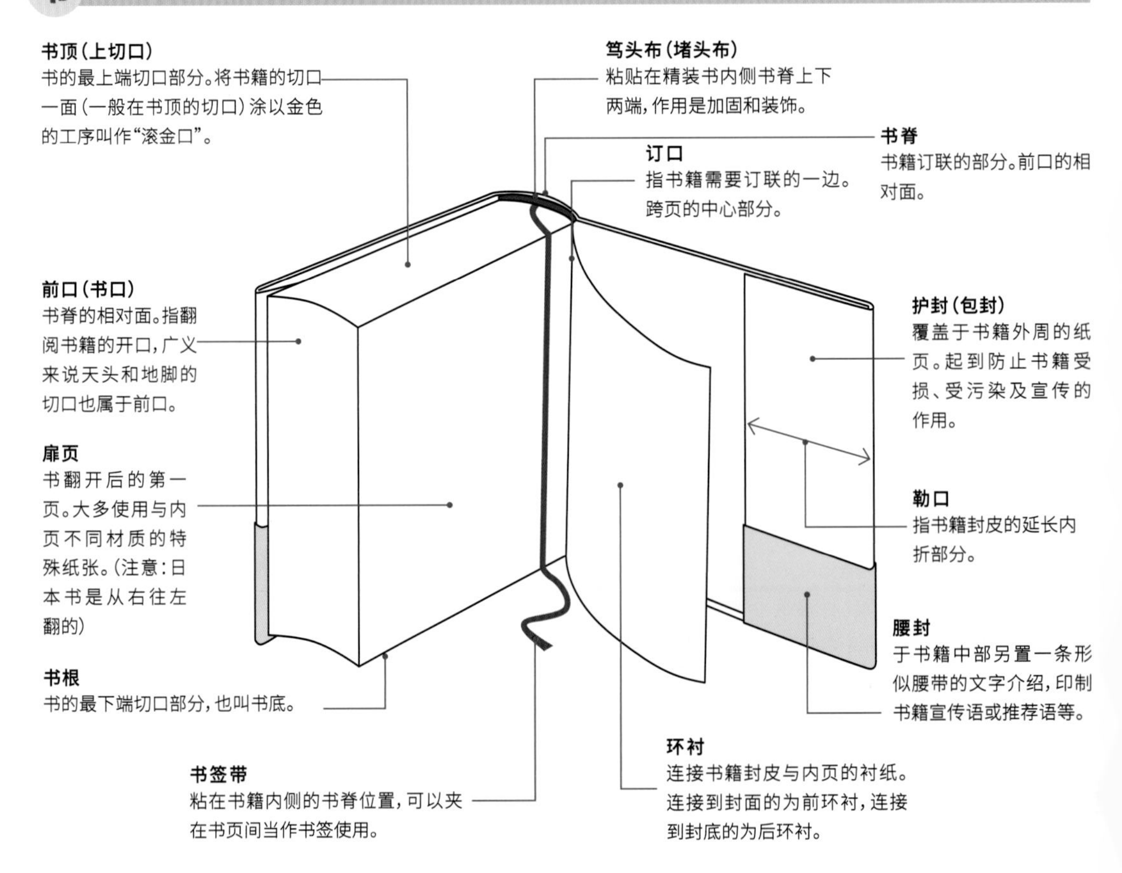

书籍除了内页的设计之外，还包括装帧设计。比如装订方式是精装还是平装，选择封皮、腰封、环衬、扉页等所用纸张的材质，选择笃头布、书签带等，设计上述元素的方案，都称为书籍装帧设计。它决定了读者在书店对这本书的封面的观感，拿在手中阅读时的触感，以及是否便于阅读等种种细节。装帧设计是书籍的外包装，是读者与书籍之间的第一次亲密接触。

结实耐用，具有厚重感及特殊感的精装本，主要用于全集、画集，以及注重表现世界观的小说。而轻薄柔软的平装本设计则主要用于杂志、文库本、应用书籍等读者可以轻松阅读的书籍。

如上文所言，为了制作出设计与内容更加匹配、读者更愿意拿在手中翻阅的书籍，事先了解装帧的相关构造是非常重要的。

页面的构成及名称

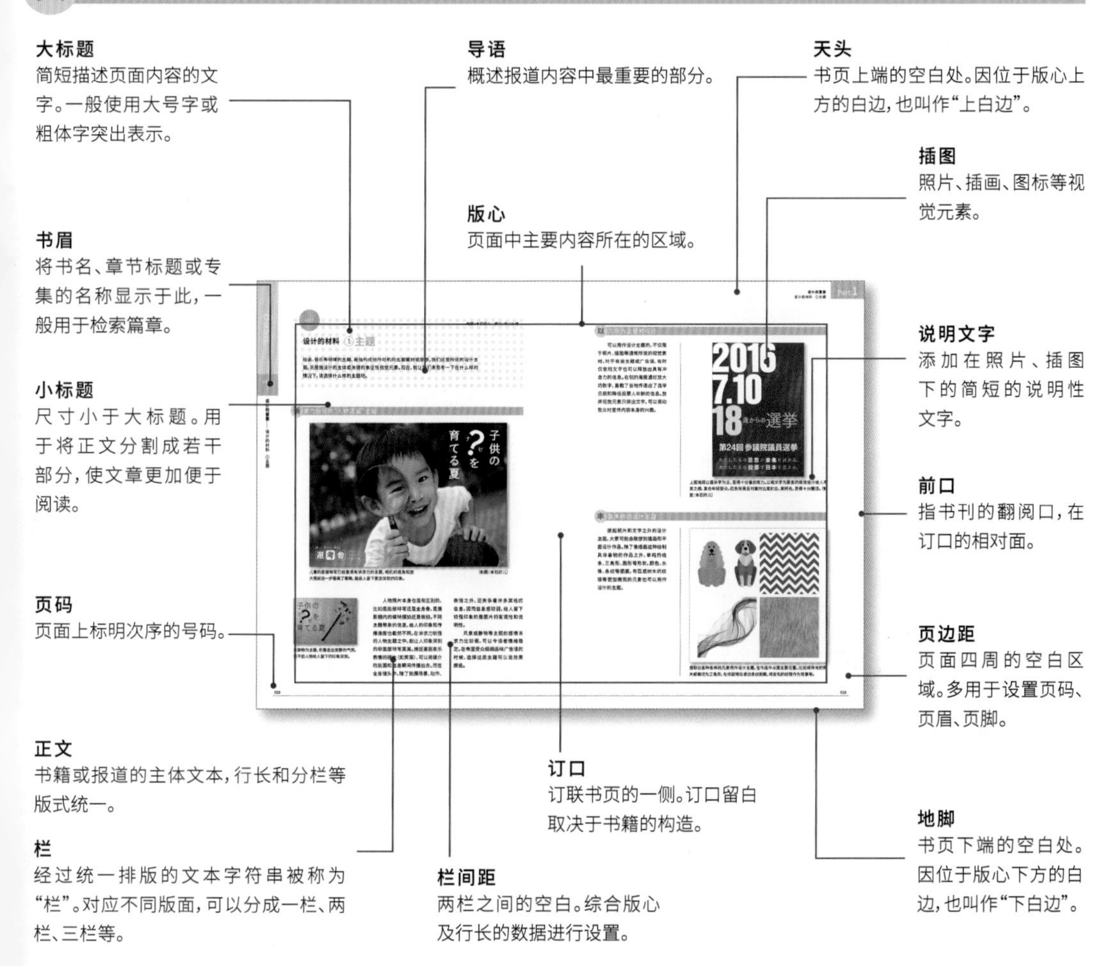

除书籍的装帧之外，内页也有各自的名称。上图所示为一般纸媒内页的构成，当然有些也是不设页眉或页码的。设计师需要根据内容或媒介的需要，精密计算版心的大小，页码、页眉的位置，栏间距的大小等细节，然后再开始设计版面（请参照第31页）。

精装本与平装本

精装本配备具有保护性的硬底封面，也称为硬皮精装本。追求高级质感的单行本，或对强度有所要求的绘本等书籍多使用这种装订方式。平装本则采用软质封皮，制作比精装本简单，多用于平价书刊、杂志或文库本，也称简装本。

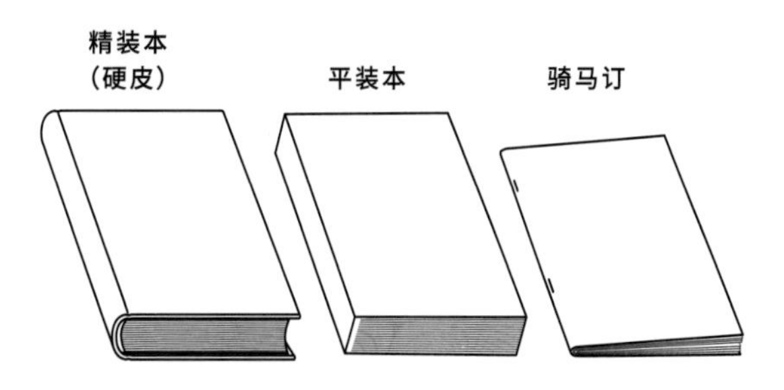

精装本的装订较为牢固、厚重，书籍可以长期收藏。精装一般面向珍藏版的全集或高价的资料书籍，平装本更适合追求简单轻便的纸媒，而最简易的骑马订本则多用于漫画杂志或宣传册。

街头是设计灵感的宝库

身处街头或地铁，可以随时感受到最新的设计和流行元素。
逐一观摩别人的设计，或出自著名设计师之手的广告，也能为自己的设计提供很好的参考。

教科书和网络不是学习设计的仅有途径。当你走上大街，琳琅满目的设计便会映入眼帘，当然它们并非所有都是优秀设计，但至少你将有机会见识到老字号店铺的招牌、流行商店的标识、时尚商品的海报以及最新电视剧的宣传广告等。大家不妨也时不时到街上走走，或许就能找到设计的灵感。

比如涩谷的十字路口（左图）。放眼望去皆是标识、海报。在这里不仅可以感受到时代的潮流，还可以第一时间查看流行的广告。

无论在哪个国家，交通广告都是置于巨大平面上的设计，较为重视其辨识度及瞬间给观众带来的印象，因此交通广告所使用的图片和视觉风格非常值得参考（左图为伦敦地铁）。

Basic

Part 2

设计的构造与效果

要想在规定的尺寸范围内，将照片、文本、插图等素材排列得既美观又便于阅读，就要依赖于排版的技巧。本章将介绍设计的基本构造和提高视觉效果的技巧。

制图：平野雅彦　撰文：市川水绪

构造 ①横排与竖排

文字排版是排版的基础。在版式方面，选择竖排还是横排，对引导读者视线的走向及编页有很大的影响。同时也应考虑媒介特点、内容性质，将页面布局设计得更利于读者阅读信息。

文字排列与文字方向

纸媒文字的排版方式分为竖排和横排两种。特别在杂志或其他成册印刷品设计中，应首先确定正文的排版方向。

以日本为例，日本有使用毛笔纵向书写的文化传统，一般认为竖排更便于阅读，所以书籍、报纸等纸媒多以竖排为主。另一方面，由于学术类的翻译书籍或建筑方面的专业杂志中，有大量字母和数字的记述，因此虽然也是以文本为主，但选择横排会更方便阅读。而资讯类杂志在每页中都包含了大量的信息，会采用横、竖混排的方式，希望读者仔细阅读的正文采用竖排，而作为补充的说明文字或小专栏则采用横排。

自然地引导读者视线追踪文字的方向——竖排的版式从页面的右上到左下，横排的版式则从左上到右下。这种视线的移动可以称为设计整体的“视觉流程”，排版时只有遵循这样的流程，才能设计出方便读者阅读、方便信息传达的版面。

ニューヨーク、パリ、台北、東京
自分らしく暮らすヒント
世界のクリエイターの住まいづくり

上图是正文竖排的版面。日本的纸媒上，阅读比较集中的文字时，引导视线从上到下移动的竖排更有助于读者迅速阅读。因此竖排广泛用于编排书籍、报纸、杂志等纸媒。

ニューヨーク、パリ、台北、東京
自分らしく暮らすヒント
世界のクリエイターの住まいづくり

上图是正文横排的版面。横排的优点是，可以自然地排列字母、数字、符号。因此，在时尚杂志中即便正文采用竖排，如果说明文字中包含价格或字母，也大多采用横排。

排版应注意引导读者的视线

排版时应当注意文字的排列方向，将需要优先展示的元素，如标题、主要视觉素材等进行放大，安排在读者视线的开端，才能收到最佳效果。然后在文末，也就是视线开端的对角线上，放置小标题或辅助图片。这是基本的排列方式，可以进一步引导视线，促使读者读到最后或者翻页。

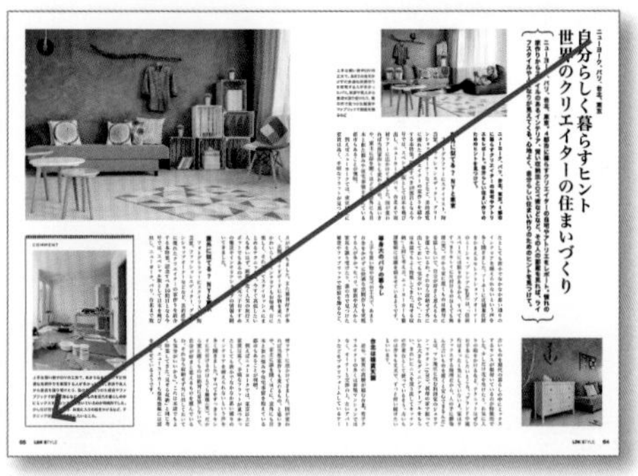

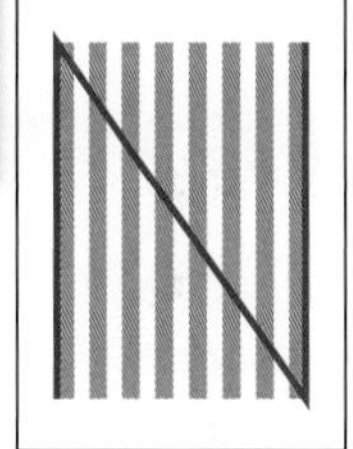

引导读者的视线从右上往左下走，形成“N”字形的竖排版面。将标题放大，放在右上方，文本向左下方顺势而走，使读者可以轻松阅读整个页面。

引导读者的视线从左上向右下走，形成“Z”字形的横排版面。将优先需要读者关注的标题置于左上方，用于补充的小专栏则放在右下方。

网页基本以横排为主

网页的文本基本以横排为主。人们习惯一边从上到下滚动屏幕，一边浏览页面，因此横排更便于阅读网页内容。但是将平板电脑横置使用时，其屏幕比例与书籍、杂志翻开时相似，因此电子书与印刷品一样，也适合竖排（日文阅读习惯）。

通过向下滚动屏幕来阅读的网页，基本采用横排，使文字逐行往下继续。即便是手机屏幕那样小的显示面积，文字也会根据屏幕大小换行，保证阅读的持续性。

制图：莲尾真沙子　撰文：市川水绪

构造 ②文字对齐方式

对多行文本进行排版时，需要考虑文字的对齐方式。尤其是在海报或其他的广告媒介中，文字的对齐方式既影响整体的效果，还关系到文本的辨识度及易读性。排版不是单纯地罗列文字，还要让设计发挥其应有的效果。

根据文本进行文字对齐

文字对齐或行对齐是对文本进行换行排列处理时的规则。一般来说，文章以固定的行长换行并两端对齐（横排为左右对齐，竖排则为垂直对齐）。书籍、杂志、报纸、网页等媒介中的正文都采用这种标准，本书也不例外。

其他还有顶端对齐（横排即左对齐）、底端对齐（横排即右对齐）、居中对齐。顶端对齐是将每一行的开始位置对齐，底端不对齐；底端对齐是将每一行的末尾位置对齐，顶端不对齐；居中对齐是将整行向中间位置对齐，以形成对称的视觉效果。

杂志的排版，也会采用多种文字对齐方式混合的形式。比如正文采用两端对齐，标题周围采用居中对齐，小标题采用顶端对齐，版权页则采用底端对齐，等等。

上图的文本整体采用左对齐。将主题照片的左端与文本对齐，给人以爽利、整齐的印象。导语则采取不换行，行尾自然结束的排版以强调每一句话，使读者深刻地理解文字的含义。

居中对齐的排版显得庄重且稳定

居中对齐是成段的文本向中轴对齐。经常用于海报、传单等广告类媒介，以及名片、请柬和杂志的标题和导语等。

由于重心放在中央，文本呈现左右对称，所以居中对齐的特点是稳定庄重。作品给人高雅、正式、端庄的感觉。

左图将照片和文本元素居中对齐。对称的构图无懈可击，版面显得文雅而高贵。标题和艺术家的名字也十分突出，具有很高的辨识度。

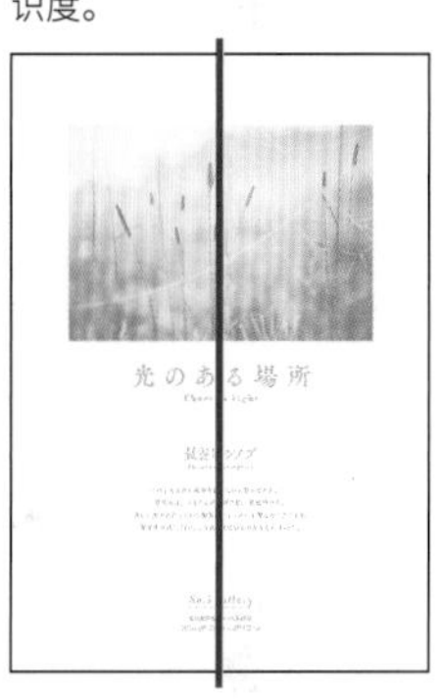

自由、洒脱的“不对齐”版面

另外还有一类刻意不对齐，将文本进行自由排列的排版方式。请看右图，混合使用了竖排与横排的自由排版形式，给人以悠然自得的洒脱之感。

导语文本顶端不对齐的设计，制造出一种节奏感，相较于顶端对齐或居中对齐，显得更富有变化。如果希望给作品营造轻松感，或要避免刻板印象的话，不妨尝试这种方法。

有一点很重要：版面不可显得太过散漫。为此将英文标题和照片左对齐，将展示信息等成组的文字元素左对齐——通过局部的“对齐”，来调整整个画面的比例。

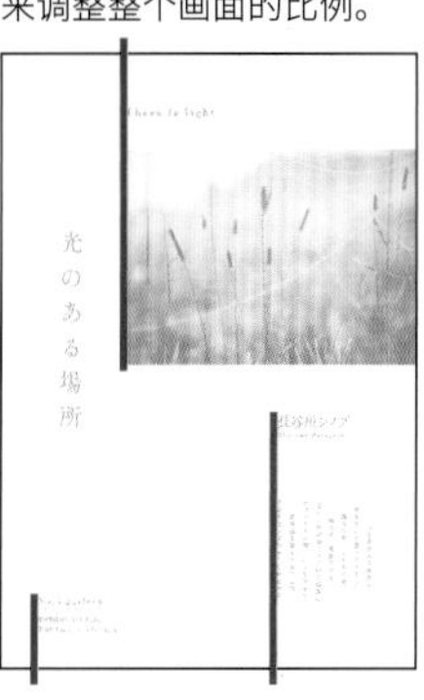

Grid

制图：平野雅彦　撰文：市川水绪

构造 ③网格排版

排版设计的基本手法是“网格排版”。通过网格状的基准线，可以快速地进行有序设计。而不在此基础之上进行的排版则称为“自由版式”。

高效进行有序排版

世界の絶景・秘境・感動スポット 30 選

世界の絶景・秘境・感動スポット 30選

世界にある名所旧跡や世界遺産、景勝地などの中から、特に編集部がおすすめしたい感動スポットをご紹介。SNSにアップするのも忘れるほどの光景は、カメラではなく自分の目でしっかり見つめたくなる。あなたが行きたいのはどこ？

周囲に絶壁の山々がそびえるペルーはウルバンバ渓谷の山間に位置するマチュ・ピチュ。山のふもとからはその姿が見えないことから「空中都市」とも呼ばれるこの地は、古代インカ帝国の遺跡だ。標高2,000mを超える切り立った山の頂上に広がる景色は、映画や物語の舞台のように不可思議で幻想的。未だに解明されていない多くの謎が残る遺跡でもあることから、時空を超える神秘的なオーラ漂うスポットとしても知られている。マチュ・ピチュ遺跡を含む周囲一帯は、1983年にユネスコの世界遺産として登録された。

遺跡の約半分は、アンデネスと呼ばれる段々畑の地区で占められる。約3メートルの石壁が40段も連なっており、3000段の階段でつながっている。遺跡内ではリャマが放牧されており、この迫力ある景色の中で、リャマたちが草を食んだりする様子を見ることもできる。

遺跡面積は約13km²で、石造りの建物が約200戸残されている。これらはインカの王族や貴族の避暑地、保存状態も極めて高く、古代の空気を感じられる場所となっている。

DATA

16 Route 101

感動スポット 01

マチュ・ピチュ

ペルー

周囲に絶壁の山々がそびえるペルーはウルバンバ渓谷の山間に位置するマチュ・ピチュ。山のふもとからはその姿が見えないことから「空中都市」とも呼ばれるこの地は、古代インカ帝国の遺跡だ。標高2,000mを超える切り立った山の頂上に広がる景色は、映画や物語の舞台のように不可思議で幻想的。未だに解明されていない多くの謎が残る遺跡でもあることから、時空を超える神秘的なオーラ漂うスポットとしても知られている。マチュ・ピチュ遺跡を含む周囲一帯は、1983年にユネスコの世界遺産として登録された。

遺跡の約半分は、アンデネスと呼ばれる段々畑の地区で占められる。約3メートルの石壁が40段も連なっており、3000段の階段でつながっている。遺跡内ではリャマが放牧されており、この迫力ある景色の中で、リャマたちが草を食んだりする様子を見ることもできる。

遺跡面積は約13km²で、石造りの建物が約200戸残されている。これらはインカの王族や貴族の避暑地、また別荘として使われていたものだとされる。大きな宮殿や寺院のほか、そこでの生活をサポートする職員の住居も存在する。保存状態も極めて高く、古代の空気を感じられる場所となっている。

Route 101 17

将页面分成3×5个网格区域。沿着网格排布，必然可以使正文的栏距、照片之间的间距等形成均等的尺寸。主题照片则使用12个网格的大面积版面加以突出。

在页面上预设一系列大小均等的网格，沿着这些网格排布标题或照片，这就是“网格排版”。借助辅助线可以更加迅速地调整好画面元素的位置和尺寸，因此很容易制作出秩序井然的页面。特别是针对杂志这类页数较多，需要不同人分工合作的产品，网格的使用既可以统一页面的风格，还可以提高制作的效率。

网格排版使水平垂直方向上的线条得以突出，因此版面给人以理性、整齐的印象。但是反过来说，如果完全按照网格来排版，也容易使页面显得过于刻板。因此通过剪裁照片、有效地使用挖版照片、标题超出基准线等方法，刻意制作出偏离网格的部分，以此来增加变化和趣味性也是很必要的手法。

利用网格展开页面

下面两张图片都是在左页3×5网格排版的基础上进行的形变。虽然编辑的内容各有不同，但因为排版用的是通用的网格，所以排出的页面显得井然有序，打开页面很有统一感。

网格排版可以系统地决定照片尺寸或标题位置等要素，所以即便由多个人负责排版，版面的设计风格依然能保持统一。

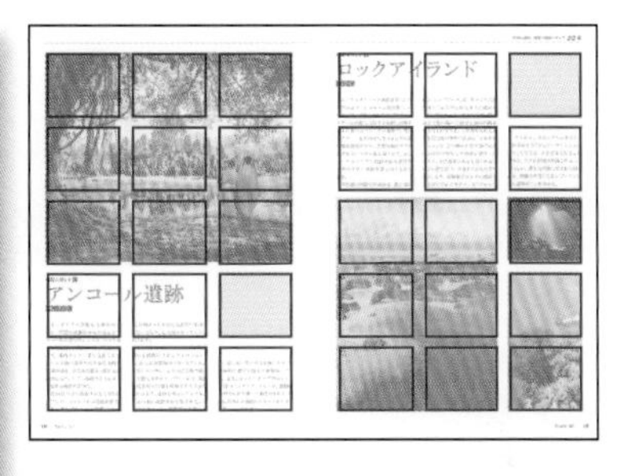

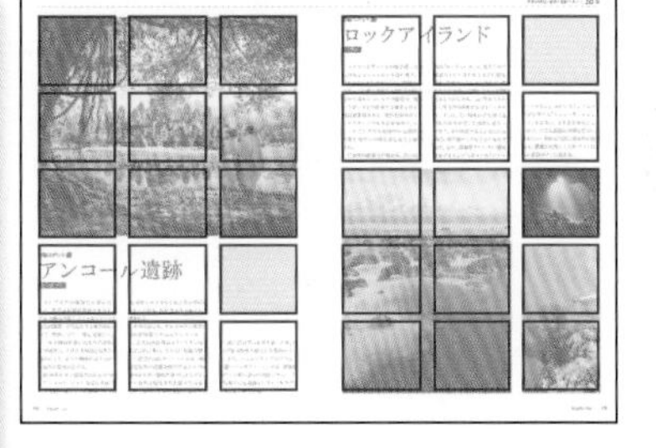

使用网格排版时，应调整照片位置设计出较大差异的布局，诸如此类的页面布局上的多样层次感极为重要。若张张跨页无急缓，页面必然雷同又单调。

灵活的自由版式

自由版式是相对于秩序井然的网格排版而言的，其特点就是无规则可循，可自由排布各种元素。如果说网格排版偏稳重的话，自由版式则给人以生动、活泼的印象，适用于大量排布形状不规则的挖版照片，可以营造出热闹且充满生气的氛围。

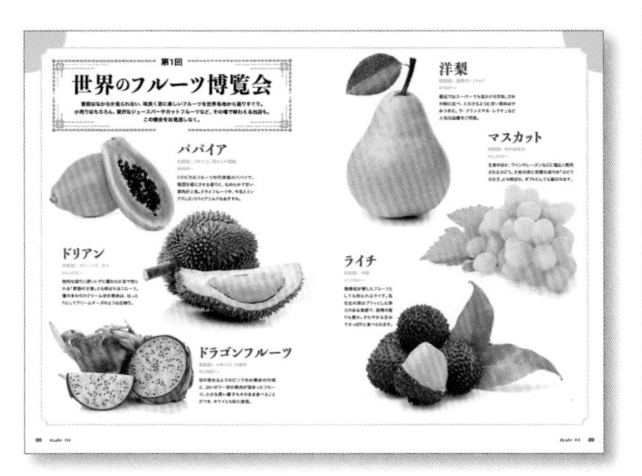

挖版照片是很适合自由版式的要素。随机的排布给人以活泼、欢快的印象，相较于在水平垂直方向上规整的网格排版显得更为轻松。

Page Rate

制图：野口里子　撰文：市川水绪

构造 ④版面率

版面率决定着页边距和版面的范围，可以想象成是设计的主干。在逐个将文本、照片等枝叶添加到这根主干上之后，不同的版面率营造的效果也大不相同。所以当我们在决定版面时，应该有十分明确的目的性。

版面率决定着杂志的“情绪”和信息量

file / 01

野菜たっぷりがうれしい！
味も栄養バランスも◎

06 チキンとアボカドのヘルシーラップ
cat power cafe(表参道)

自家製の焼きたてトルティーヤに、ボイルしたチキン、アボカド、トマト、レタス、キュウリなどの野菜をぎっしり包んだラップサンド。炭水化物を抑えて野菜を多く摂れるので、カロリーが気になる人にもぴったりです。

¥780　☎00-0000-0000

青リンゴとチーズが
絶妙にマッチ！

07 青りんごとチーズのサンドイッチ
Sandwich box(祐天寺)

トーストしたカンパーニュに、薄くスライスした青りんごとグリエールチーズを挟んだヨーロッパ風の組み合わせ。その甘じょっぱいハーモニーは癖になる人続出！さわやかなりんごの酸味ととろけるチーズがマッチ。

¥800　☎00-0000-0000

08 特製キューカンバーサンド
l'Aube(成城)

¥700
☎00-0000-0000

09 ハムとチェダーチーズのホットサンド
珈琲横村(有楽町)

¥560
☎00-0000-0000

10 アボカドエッグサラダサンド
ヘルシーベイク(雑司が谷)

¥480
☎00-0000-0000

11 名代ヒレカツサンド
銀座 よし邑(銀座)

¥580
☎00-0000-0000

015

file / 01

朝いちばんに食べたい
幸せなサンドイッチ。

昔ながらのシンプルなものから、具がはみ出るくらいボリューミーなものまで。休みの日の朝も、ちょっと早起きして食べに行きたくなるこだわりのサンドイッチ。あなたのお好みはどれ？

01 アボカドとシュリンプのバジルサンド

02 ポーチドエッグとアボカドのオープンサンド
悟空ぱん（町田）

¥760
☎00-0000-0000

03 パストラミビーフのホットサンド
SUNDAY BAKEHOUSE(目黒)

¥980
☎00-0000-0000

04 cafe cinq オリジナルたまごサンド
cafe cinq(神保町)

¥680
☎00-0000-0000

05 チーズステーキサンドイッチ
フィリーダイナー(渋谷)

¥580
☎00-0000-0000

014

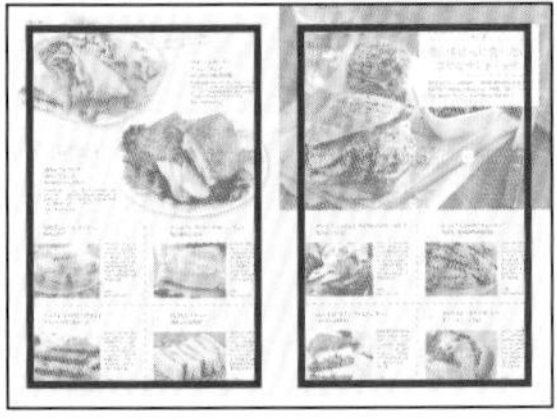

“将元素尽收于版面之内”只是一个基础原则。过分拘束会使页面变得死板，不妨试着适度打乱一下版面，如采用出血版照片，或让标题超出页边距等，让页面“动起来”。

排版的第一步就是考虑页边距和版心的设定。页边距指的是页面的边线到文字的距离，页边距的内侧就是版心，是放置文本和插图等元素的区域，原则上只能在版心之内进行排版。版心和开本之间的比率称为版面率，页边距较窄、版心较宽的即为“高版面率”，页边距较宽、版心较窄则为“低版面率”。

高版面率的页面可以容纳大量信息，插图的尺寸也可以更大，因此显得既有动态感又有力；降低版面率，则增加了页边距，可以营造出安静、沉稳的气氛，令版面平添高级感，给读者留下典雅的印象。

杂志的基本版面设计

请看右图，这是一个容纳了大量信息的杂志页面，因此应尽量缩减页边距以提高版面率。如此既可以容纳大量信息令页面充实，又可以将照片的尺寸放大。

还可以预备若干个不同版面率的版面，根据登载内容分别使用对应的版面，这样可以使整本杂志的页面显得张弛有度。

杂志的版面

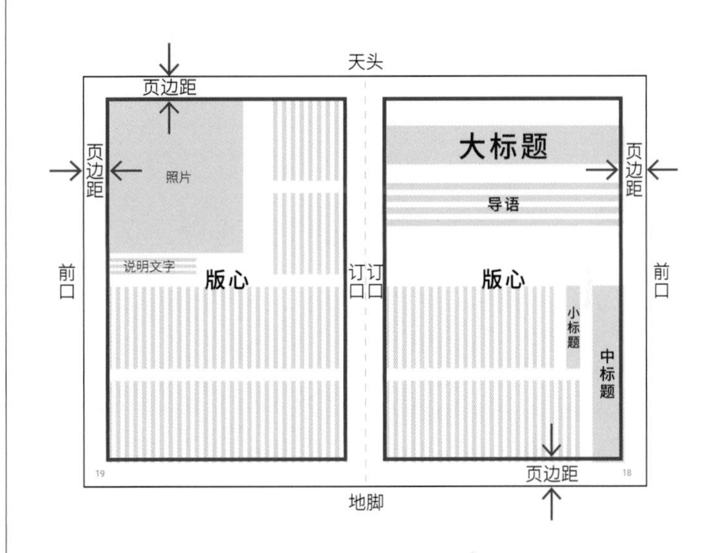

展现舒适温馨气氛的版面设计

倡导慢生活的生活类杂志，以及一些以向读者传递轻松感为目的的纸媒，适合低版面率，一般采取有充足页边距的版面设计。请看右图，页面的标题很小，照片不用出血版，排列紧凑，版心之内也可以留白。这样的页面不会被过多的信息所掩埋，通透开阔，便于读者心平气和地阅读。一些登载较长文章的书籍或纸媒，会将版面率设置得较低，以防读者视觉疲劳，造成阅读困难。

较宽的页边距中留有大面积的天头和地脚，如果以页眉装饰或用分割线加以点缀，可以令简洁的页面富有变化。充裕的低版面率设计，还可以令读者阅读时不易感觉疲劳。

制图：野口里子　撰文：市川水绪

构造 ⑤页面的分割与比例

根据照片、文本等不同元素进行页面分割，可以明确各个元素的功能，使排版简明易懂且富有层次感。为了分割出令读者感觉舒适的页面，需要使用一些自古流传下来的比例和法则。

令人舒服的比例

在页面内对照片和文字进行排版时，将它们分割开来形成对比，不仅会使视觉效果增色不少，还有助于读者仔细阅读信息。在进行这种页面分割时，我们不妨运用一些在美术和建筑设计领域传承已久的理论。

其中最广为人知的，就是近似值为1：1.618的“黄金比例”。这个比例在自然界很常见（比如鹦鹉螺黄金分割），被人类认为是最能引发美感的稳定比例。

而更为日本人所熟知的是“白银比例”。其定义数值为1：$\sqrt{2}$（1：1.414），在日本被应用于印刷纸的规格。其特点是，将白银比例的矩形无论对折多少次，始终都会保持1：$\sqrt{2}$的比例。黄金比例和白银比例常用于设计中的空间分割，比如网页的栏目设计。

“三分构图法”因多用于绘画和摄影构图而为人所知。该方法的目的原是为了构造出平衡感良好的构图，当将其应用于页面排版时，以三等分线中的任意一条来分割版面，都可以设计出稳定和舒适的版面。

黄金比例

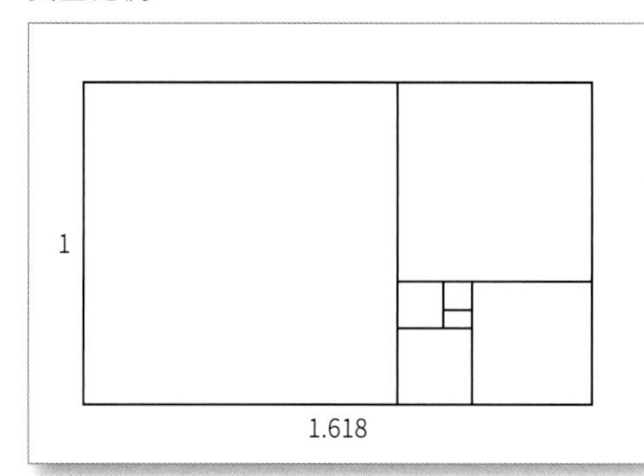

左图是一个“黄金矩形”，其长宽之比为黄金比例。从这个矩形中裁掉一个正方形后，剩下的小矩形仍是“黄金矩形”。无论重复裁切多少次，得到的都是和原矩形相同比例的图形。

白银比例

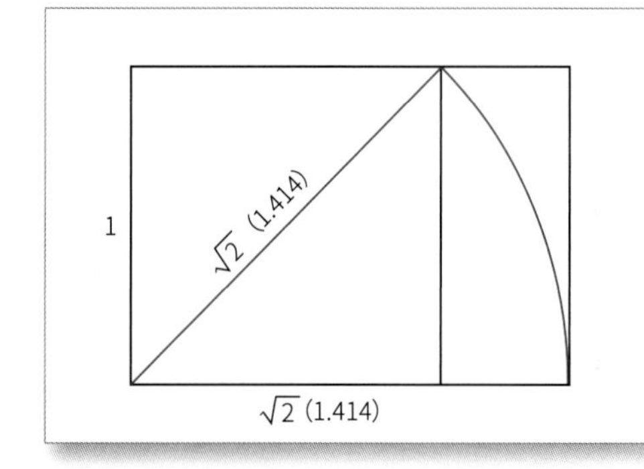

白银比例也被称为“大和比例”，法隆寺的五重宝塔的设计中便应用了此比例。组合正方形和矩形以辅助分割页面，可以获得稳定而舒适的平衡感。

三分构图法

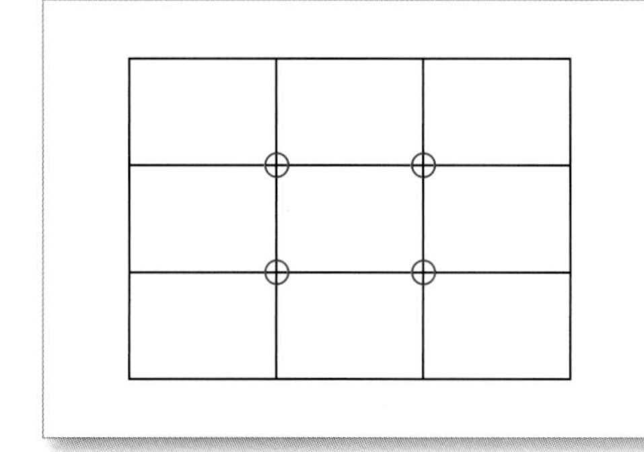

“三分构图法”是将页面的长和宽分别进行三等分的方法。在绘画、摄影、设计等艺术领域中，会将主体对象置于这些线条或线条之间的交点上，以达到构图的平衡。

以三分构图法规整版面信息

请看右图，这是以三分构图法中的分割线来规整版面所达到的效果：文字分布在横向三等分的上部，以及纵向三等分的右侧，形成一个“L”形区域，其余的区域则用来摆放照片。如此布局，既可通过照片充分强化咖啡的意象，又将细节整理得十分清晰。而粘贴于L形区域内的牛皮纸风纹理，又与茶色系的照片之间形成了十分自然的过渡。

水平、垂直方向上的直线使版面显得四平八稳。在九宫格左下方放置广告标识，而在其对角的位置放置咖啡豆的图片，这样的构图使稳定感得到进一步加强。

对称式构图令版面呈现超群平衡感

简洁的对称式构图同样令人感到舒适。一分为二的页面可以进一步加强对比，因此适合展现高对比度的色彩页面。当要表现两种截然相反的元素相撞所产生的紧张感，或两股力量势均力敌的状态时，也可以使用对称式构图。反之，如将其用于设计双人展的DM（快讯商品广告），或其他级别相当的事物时，也可以形成较为稳定的版面。

将照片和文本的区域对称布局，可以提高版面的易读性，并使之呈现出层次感。对称式构图将两种视觉效果不同的元素进行并列对比，比三分构图更能表现沉稳的氛围。

Grouping

制图：本石好儿　撰文：市川水绪

构造 ⑥编组

如果向读者展示的信息种类繁复或结构复杂，则必须对视觉信息进行整理。将各种元素清晰地区分开来进行排版，可以使设计更加便于理解，避免产生错误的解读。

归纳互相关联的元素

有些杂志所刊载的信息量非常庞大，元素繁多，子结构复杂。比如，大标题、小标题下面添加标题和正文，正文下面再添加小栏目。在对这些庞杂的元素进行整理时，最有效的技法就是充分了解元素的含义及关联性之后，对其进行“编组”，将其分布在不同的区域中。

排版要素需要相互关联才能构成版面。而标题和导语、照片和说明文字、人物照片和人物介绍文字等，相互之间的关联性尤其高，所以让它们彼此相邻是编组的基本原则。

另外还可以从版面的留白着手。页面之所以显得混乱，正是因为留白过窄。拉开关联紧密的元素之间的距离，就会拉大留白，这样页面就显得齐整了。

如果既没有准确编组，相互关联的信息之间又相隔甚远，势必加大读者阅读的难度，甚至可能导致读者的误读。因此在排版时除了要注意整体关系的平衡，还应兼顾信息之间的关联性。

上图中的标题和导语相距甚远，作者的信息还被安排在左侧页面，这样的版面设计令人相当费解。本应同时展示的子照片组和地图也被隔离开，最终致使整个页面混乱不堪，意义不明。

修改后，标题、导语和作者信息编为一组，子照片、地图和说明文字编为一组。将两组信息分别置于矩形区域内，排列成井然有序且便于阅读的版面。

利用圆形模块编组

为每种信息配以单独的底色，是将相互关联的信息整合在一起进行编组的手法之一。

请看右图，为商品图案配上相同的圆形模块，将挖版照片、标题、说明文字、价格等零散的信息分组显示，使说明文字和照片的对应关系变得十分明确。形状各异的挖版图形不再显得凌乱，整体版面形成统一感。

左图除了使用了底色之外，还使用了外框线和醒目的数字。如此，在并列展示不同商品的同时，还对信息进行了清晰的区分。

利用方形模块编组

另一种编组技巧，是将简短的信息以固定格式集中在一个个方形模块中，再将这些模块排布于版面之上。每个模块中的标题、说明文字、价格的排列方式都是统一的。这种格式整齐的方式经常用于商品目录表的排版，其特点是让阅读者对商品信息一目了然，查找起来也较方便。模块中的文本量是固定的，因此适合于处理多个细目。

左图中的各个模块尺寸都是相同的，如果感觉这样的排列略显单调，不妨将两个模块连接在一起形成新的组合，带来一些变化。

制图：莲尾真沙子　撰文：市川水绪

效果 ①文字的跳跃率

跳跃率是决定版面效果的因素之一。本节将专门介绍标题、正文等文字的跳跃率，同时让我们来看一下跳跃率如何控制，以及在相应控制下，画面发生了怎样的变化。

文字跳跃率决定着版面的动与静

夏休みは、海に行こう

にぎやかなフェスや涼しい山の避暑地も魅力的だけど、
たまには大人も熱い日差しの下で水遊びしたい。
海の前ではみんな子供に戻れるはず。
今年の夏は水着とタオルと携帯だけ持って、ビーチに行こう。

青い空、青い海、砂浜、海の家！こんな夏の過ごし方をしなくなってどれくらい経っただろう。若い時は「夏といえば海」がセットだったのに、いつの間にか混雑がイヤ、日焼けが気になる、体力が心配などなど、行かない理由が増えてしまって……。今回の特集はズバリ、そんな大人の読者にこそ提案したい「大人の海の楽しみ方」です。

真夏のビーチは若者だけのものじゃない。その証拠に、海外リゾートに行けば多くの老紳士や老婦人が日光浴や海水浴をのんびりと楽しんでいます。そもそもの歴史を振り返れば、海水浴はもともと病気の療養や健康促進のためにイギリスの医師が推奨したもの。太陽の光を浴び、人類の起源である海に浸かることは、免疫力アップや血流改善にも効果があると言われているのです。

「せっかく行くなら、きれいな海じゃなきゃ」という人もご安心ください。何もハワイやバリまで行かなくても、国内にもきれいでリラックスできる穴場ビーチがあるんです。マリンスポーツや砂遊びなんかしないで、浜の木陰でアイスコーヒーを飲みながら読書。合間にちょっと海水浴。こんな余裕ある海遊びもあるんです。たまには何も考えず、波の音を聞きながら過ごすような、そんな時間を過ごして日々の疲れをリセットしましょう。

3　2

上图是一个文字跳跃率较高的范例。版面中使用了显眼的大号标题，显得生动活泼。炽热的沙滩和碧波荡漾的大海，更增强了盛夏的气氛。整个版面富有视觉冲击力，读者一眼便能捕捉到该专题页所要传递的信息。

跳跃率是指在一个设计作品之中，对比特定元素所得出的大小之差。以文字的跳跃率来说，则是指最大的标题与文本大小的比率。比率值越大，跳跃率越高，反之则越低。跳跃率无关乎优劣，但如果能了解比率大小所带来的差异，将有助于设计出更合适的版面。

跳跃率较高的版面，其层次感和节奏感也较强，适合于表现活泼欢乐的氛围。也适用于促销传单、周刊杂志封面这类表现力夸张的载体。

跳跃率较低的版面令读者感觉沉稳、安静，适合于表现高级、高雅、成熟的氛围。较为适用于高端品牌的广告宣传，以及倡导休闲的生活类杂志的版面设计。

降低跳跃率，制造沉稳感

我们再来看一个文字跳跃率较低的设计，从中可以感觉出，降低跳跃率的版面显得安静、沉稳。

与大家在左页中看到的版面相比，二者的构成元素是完全一样的，但右图的版面设计更显得夏日惬意闲适，大海宁静悠远。不过分强调某个意象，以及表现清爽、秀丽的设计，也适用于低跳跃率排版。标题和导语改用了横排，使文字与水平面融合得较为自然，进一步增添了稳重感。

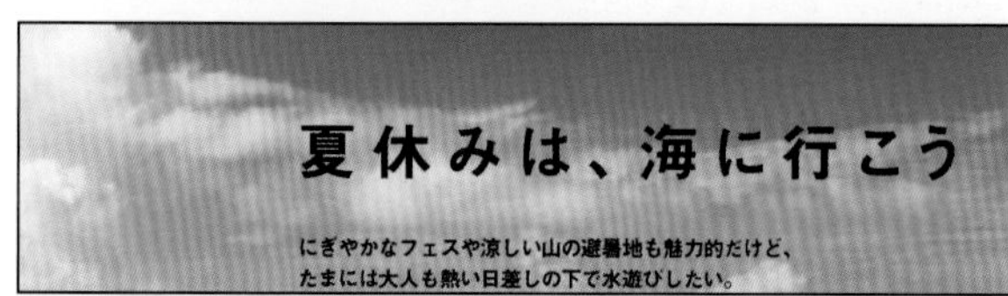

标题除了缩小字号外，还加宽了字间距，因此我们可以透过文字看到背景，从中产生的通透之感，令沉稳祥和的氛围得到进一步强化。同时导语和正文的字号差距也缩小了。

不合适的文字大小是败笔

再来看一个示例，文字的跳跃率设得不高不低，整个版面看起来缺乏层次感。与左页相比，右图中的标题不突出，缺少作为扉页应有的冲击力，显得老气横秋。而且也没有营造出静谧的氛围，让人感觉版面过于死板。

夏休みは、海に行こう
にぎやかなフェスや涼しい山の避暑地も魅力的だけど、

杂志排版前要考虑的关键点是，大标题能够多大程度上吸引读者的眼球和表现内容的氛围。我们应将主照片的氛围纳入考虑的因素之中，再定出一个最合适的跳跃率。

Jump Rate

制图：岩井夏澄　撰文：市川水绪

效果 ②照片的跳跃率

照片是一个重要的视觉要素，蕴含着大量信息，可决定读者是否第一眼就留下深刻印象。当我们处理数张照片时，将其调整为多大尺寸，排布在什么位置，都会对版面梳理和读者的第一印象产生巨大影响。那么，照片的跳跃率究竟指的是什么呢？

照片的跳跃率高可突出主画面

庭づくりが毎日の喜び

ハーブ研究家のアシュリー・ジョーンズさんは、ロンドン郊外にある自らのガーデンに毎朝足を運ぶ。日が昇ると同時に目を覚まし、朝7時には作業を開始。庭に入ると、必要なものに水をやりながら、まず植物たちの様子をぐるっと観察してまわる。「こうしないと一日が始まった気がしないのよ。みんなに次々に挨拶する気持ちで顔を見てまわって、体調が悪いものがいないか、助けを求めているものがいないかをチェックするの」花がら摘みや雑草取り、水やり、虫害対策、植え付けに植え替えと、やるべきことは山ほどある。時折、持参した水筒から自家製のハーブティーを飲みながら、作業は午前中いっぱい続く。愛用の麦わら帽子に赤いエプロンをつけ、手慣れた様子で植物ひとつひとつに触れるアシュリーさんの顔は、それでも疲れた様子もなく、時間が経つほどにキラキラしてくるよう。それを本人に伝えると、「当たり前よ。植物に触れるとエネルギーをもらえるの。雨が続いたりして庭になかなか来られない時の方が、私は疲れてしまうくらいよ」と笑うアシュリーさん。植物にとって太陽と水が欠かせない栄養源であるように、アシュリーさんにとってはこの庭の植物たちが元気の源なのだ。

正午を過ぎると、庭から歩いて5分ほどの自宅へランチを摂りに帰る。そして画家のご主人・アーロンさんと自分の二人分の食事を作り、一緒にダイニングで食べる。アシュリーさんの食卓には、当然ながらバジルにタイム、セージにミント、ローズマリーなどのハーブを使った料理やお茶が数多く並ぶそう。「彼女の作った食事を毎日食べているから、私はこの20年間はとんど風邪も引かないよ」とアーロンさんは、幸せそうな笑顔を見せた。「最近はカモミールティーに凝っていて、よく二人で飲むのよ。本当は寝る前に飲むのが効果的なんだけど、試してみる？」と、アシュリーさんは私たち取

2 3 4 1

23　22

主画面使用大尺寸，子画面使用小尺寸，这属于照片跳跃率高的设计。主画面给人留下深刻印象的同时，读者还能自然而然地浏览到子画面。绿意盎然的花园的明亮感随之增强。

照片跳跃率是指在对多张照片进行排版时，最小和最大照片之间的尺寸差。跳跃率设得高，版面看起来会觉得层次分明。然而不同于文字跳跃率，照片跳跃率越高，画面的活力感不一定越强，因为将照片尺寸调大之后，照片所传递的信息也会得到进一步放大。比如传递"静谧感"的照片，如果调大尺寸放在版面上，会令整个版面都透出静谧感。照片跳跃率高的另一个优点，是主画面和子画面之间从属关系明确，版面上的信息因此得以梳理，更便于读者阅读和理解。

反之，跳跃率低的设计则给人稳定、柔和的印象。如果使用得当，比较适用于追求高雅品位的载体，但容易产生节奏缓慢、单调的感觉。

低 跳跃率的照片给人以四平八稳的印象

试着将左页中的4张照片做一些调整，降低它们的跳跃率后重新排版（右图）。布局的平衡感倒是不差，但是最应该突显的人物图并不显眼，照片的主次关系也不明确。若是讲述同一主题的数页篇幅中的一个跨页，如此布局是没有问题的，但作为全文的开篇，则缺乏表现力。在这个示例中，应该像左页那样，放大跳跃率，让页面的层次分明，这样的布局更加适合。

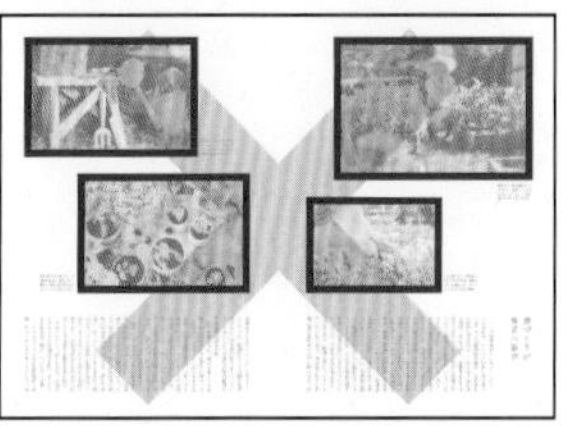

人物图与细节图的图片大小一致，主次关系不明。整个版面四平八稳，但在一个跨页中，作为整篇文章的开篇部分（竖排的杂志，阅读顺序是从右向左），需要一些明确的层次感。

解 读人物镜头的跳跃率

人物报道刊载的图片中，会有较多人物镜头。一般的处理方法是，人物近景用大图，人物远景用小图。因此，整个跨页版面的跳跃率得以进一步强调，显得紧凑而有活力。大图将人物的表情近距离地拉到读者眼前，给整个版面带来现场感和生动感。

如果将近景照片和远景照片交换一下，版面变得单调许多。摄影师着意捕捉到的人物眼神，由于照片被缩小而看不清楚，实属可惜。

White Space

制图：岩井夏澄　撰文：市川水绪

效果 ③留白的功能和应用

在有限的平面中刻意留出空白，可以营造多种视觉效果，如提升版面张力、扩展版面空间等。留白时常被我们忽略，但它其实是非常重要的设计要素。

多 功能设计的要素

版面右侧大片留白，标题和文字得到凸显。虽然字号很小，但标题也足够显眼。既无损照片的整体空间，又显出了整体版面的沉稳和意境。

在版面之中留出一定面积的空白，既无文字也无插图，这就叫作留白。留白的面积越大，越给人以高雅宁静之感。反之，留白越少越给人热闹和有朝气的感觉。因此留白在一定程度上影响着设计整体的氛围和状态。

除此之外，留白还有将不同的信息进行分门别类，令版面内容有张有弛、空间开阔，以及开辟出一条“路径”，引导读者视线的功能。

乍看之下，留白处的信息量为零，但其实我们应细细思考留白的隐性效果，从而有意识地去设置留白。应该认识到，留白并非单纯的空白区域，它能凸显隐藏于其中的重要信息，能增强照片和标题的存在感，让读者更容易理解文本的含义。

多余的元素是画蛇添足

如右图案例，标题周边留白明显不足，相比左页案例显得拥挤杂乱。画蛇添足的小图削弱了版面的紧凑感和层次感。

排版时随意性太强，就容易导致上述结果。因此，我们在为版面设计留白的同时，还应明确哪些照片、哪些文本是最需要的，然后进行认真筛选。

若信息版块之间没有留白，各要素将会过于靠近，版面将会拥挤，彼此之间的关联性亦将难以读取。留白太少，每张照片所包含的情绪和趣味亦可能互相抵消。

扩展版面的空间

对留白技巧的主要应用之一，是在版面中制造空阔感和纵深感。以左页的版面为例，由于在右侧的前口方向上空出了留白，版面右侧的空间也就有了空阔的感觉。再看右图，巨大的粗体标题充塞了留白，使版面显得既狭窄又有压迫感。在有限的矩形版面内，合理应用留白，可以将版面在视觉上扩大，甚至能做出立体效果。

上图是个失败的例子——左前口的出血版照片、右前口极粗的标题，从版面的两侧挤压过来，令版面拥塞得透不过气。这篇报道的核心是人物风情，这样的留白方式并不适合。

Balance & Rhythm

制图：野口里子　撰文：市川水绪

效果 ④平衡感与节奏感

排版设计的目的，是将插图和文字排出极佳的视觉效果，将信息更好地传递给读者。为达到这个目的，把握好平衡感和节奏感非常重要。本节介绍的技巧，有助于我们进行条理清晰的设计。

制造协调且有序的动感

排版设计的根本问题，是如何将多个元素（如插图、文字）整合到令人赏心悦目的程度。这其中的关键词是“平衡感”和“节奏感”。

排版上所说的平衡，是指整齐、匀称的稳定状态。整合版面上各种元素的位置、大小，将匀称的构图和重心均衡地分布在版面上——运用这些基本技巧，设计出的版面才会整齐、统一。

而节奏则是在重复中让读者感受到秩序和动感。利用有规律的重复的技法，比如沿着网格进行等距排布、将照片裁成等倍大小、闪电形构图等，为版面赋予动感和层次感。在平衡之中融入节奏的技巧，能进一步制造出有张有弛的效果，表现出跃动感。

版面设计的目的是让读者产生愉悦的心情。为此，我们在设计版面时既要考虑到安定性，又要做到让整个版面既和谐又不乏变化。

上图将椅子的挖版照片分别排布在六等分的版面上，颜色和形状并无规律可循，但由于大小均等，看起来十分的稳定和平衡。如此排版，将个性鲜明的对象摆放得十分清爽，令人感觉既沉稳又考究。

加入变化呈现跃动感

整齐、匀称的排版容易给人留下单调和无趣的印象。通过改变照片的角度、区分照片的大小等方法，稍微打破平衡的状态，就会产生不同的节奏感，使版面变得生动活跃。如此排版，虽不如左页示例那样井然有序，但在表现愉快、朝气、轻松自由的氛围上颇具效果。

请看上图，在6张照片中选择其中3张，以相同倍率放大，以此来制造大小的差异。较大的照片呈闪电形排布，产生有序的节奏感。将放大的图案做成角版照片也是一种排版形式。

上图的创意在于图案底色的变化，底色分别使用了灰色系和米色系两种色调，还进行了明度上的渐变处理。读者可以在这样的版面中，感受到舒缓优雅的层次感。

倒三角形构建出不稳定的平衡感

在版面上取三个点，形成一个三角形的构图，是取得平衡的基本配置手法，也适用于照片和绘画的构图。

右图使用的不是稳定规整的“正三角形构图”，而是不稳定的“倒三角形构图”，可以表现出适度紧张且锐利的感觉。

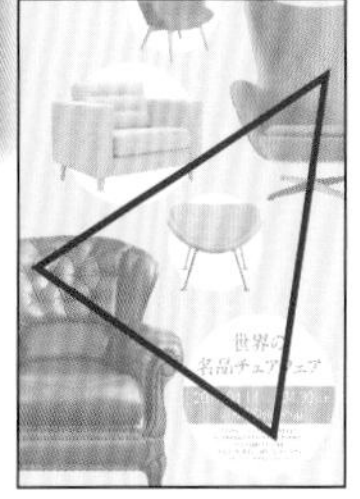

两张体积较大的椅子，外加安放标题的圆形，这三者形成了一个倒三角形构图。另外三张较小的椅子照片的背景衬以大小不一的白色圆形，与标题的圆形形成重复，从而表现出节奏感。

Font

制图:Maniackers Design　撰文:市川水绪

效果 ⑤字体

文字在排版中是主要的元素。画集和照片集虽然以视觉为主,但其中所使用的字体不同,带来的观感也不同。那么,这种差别究竟是由什么造成的呢?

注:本节所举实例中的字体均为日文字体,仅供参考。

明朝体(Mincho)与黑体(Gothic)

书籍和杂志正文所使用的字体一般分为两大类——"明朝体"与"黑体"。以笔画来说,竖笔粗而横笔细的明朝体,保留了毛笔的笔锋。其特点还包括,在字体上保留了钩和撇捺的形状,以及用三角形点缀的提角。而黑体则笔画粗细均匀。由于设计黑体的初衷,是将其应用于标题或其他需要特别突出的文字,所以黑体的特点就是辨识度较高。因其笔画没有起伏和显著的特征,故被广泛用于标题与正文。

明朝体线条柔和,给人以柔软、优雅、女性化的印象。该字体所带来的高品位和高级感,相较于青年受众,更契合年纪稍大、沉稳、成熟的受众。而黑体的外形较为平板,也更具现代感,给人的印象是轻松、亲切和年轻。粗体的厚重使人联想到骨骼粗壮、力量强大、富有冲击力的男性。

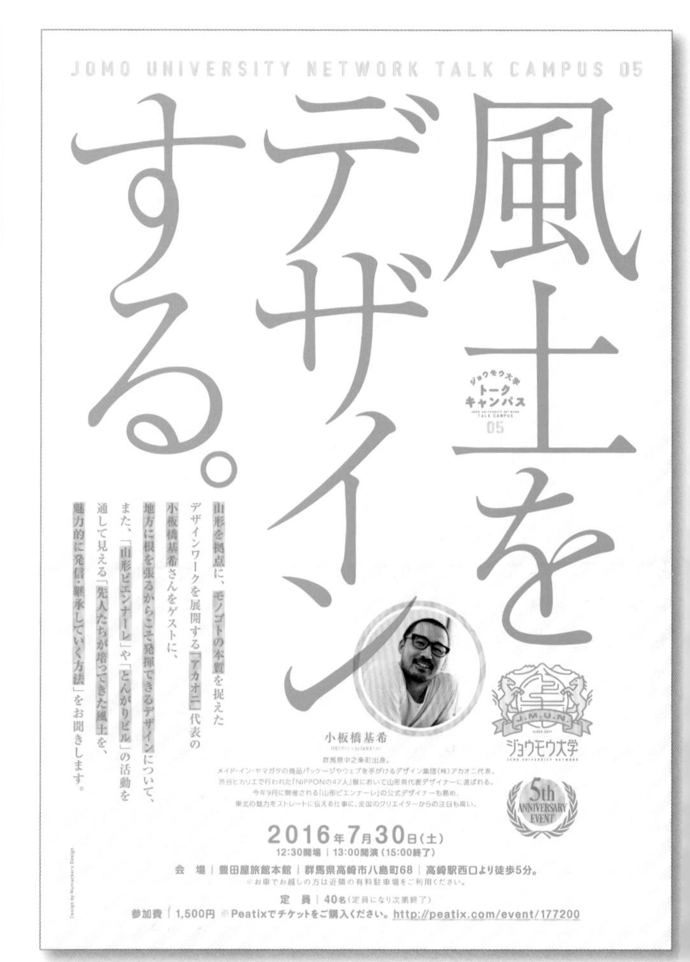

上图是演讲会的广告宣传单。以明朝体书写的文字,竖笔画较粗,凸显了自上而下的视觉走向,受众从中可以感受到沉稳、正统的气息。大字号的使用,则强调了笔锋入笔、收笔的线条,同时也表现出锐利之感。

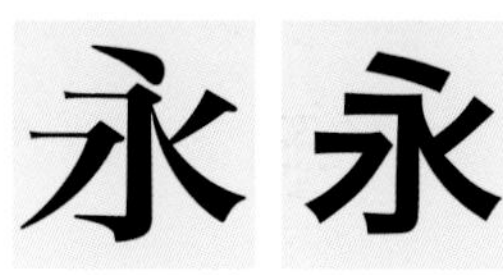

左:明朝体有着标准的正统感,如果选择粗体的话,则倾向于表现厚重感和力量感。
右:黑体没有任何装饰,显得较为平板。即便减小字号也不会影响阅读效果,因此很适合书写说明文字。

圆 黑体带来亲切感

右图宣传单用到的文字，是将黑体的棱角处理成圆角，并加大字体书写而成的。这与左页中的演讲会宣传单属于同一系列，只是换了字体，风格就明显改变了。圆黑体给人柔和、亲切之感，与黑体相比，显得更加轻盈、愉快和友好。

整体圆润的设计给人以柔和、温暖、亲切之感，POP（波普）风的配色与圆形的元素也很搭。整个设计力求展现轻松、开放的氛围。

其 他日语字体

除明朝体和黑体之外，代表字体还有：传单或POP广告常用的POP字体、完美还原毛笔中的点钩撇捺等笔画以及草书的毛笔字体、报刊字体、教科书字体。另有书写歌舞伎招牌的勘亭流等江户字体，或者类似圆体的手写风字体。各种各样的艺术字体可谓百花齐放。

POP1体

美しい和文書体

锦丽行书体

美しい和文書体

教科书ICA体

美しい和文書体

勘亭流体

美しい和文書体

TakaHand体

美しい和文書体

制图：平野雅彦　撰文：市川水绪

效果 ⑥文字排列

“文字排列”是将标题、正文或其他集中的字符进行排列的工作。除字体选择之外，文字排列也是需要设计师把控的要点。文字排列是版面设计的基础，其效果将影响整个版面的美观和易读性。

易读性与受众

在进行文字排列时，除字体选择之外，还必须综合考虑字体的大小、字间距、行间距、行长，利用这些因素来设计美观且易于阅读的版面。特别是吸引阅读者眼球的宣传单或海报，文字越大，字与字的间隔就越醒目，因此可结合所用文字的形状来缩小字符的间距，力求达到最佳的排列效果。缩小字距可以使字符更集中，还可以使读者一眼就能对文字产生印象。

对于篇幅较长的正文，无论字间距太小还是太大，都会妨碍文章的流畅性，使读者产生阅读疲劳。最基本的排列方式有两种：“密集排列”和“均等排列”。“密集排列”不调整字间距，而“均等排列”的文章的字间距全部固定。另外，排版篇幅较长的文章，在何处换行（行长）、行与行之间的距离（行间距）也是决定文章易读性的因素之一。

上述这些数值并没有绝对的规定，需要根据所使用字体的排列、文本量、受众等情况进行具体的设置和调整。

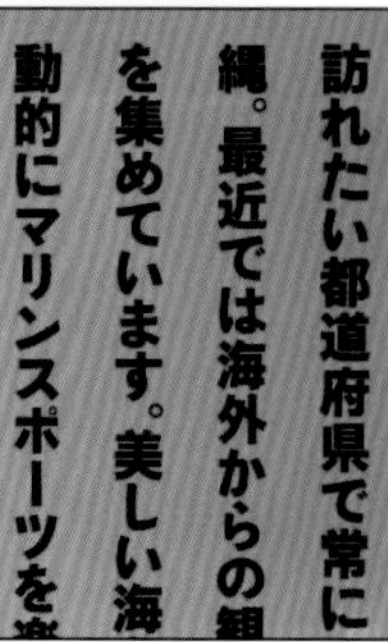

右侧字体是Hiragino Kaku Gothic Old。上图中以粗体字排列出强而有力，且具有冲击效果的版面。标题因缩小了字间距而显得情绪昂扬。右图示例中字面较大，字体较粗，因此需将行距设为字号的2倍，才能保持文字的易读性。

放宽字间距以获得轻松感

缩小字间距可以令字面产生厚重感或较强的气魄，而放大字间距或行间距则可以营造轻松悠闲的氛围。倡导精致生活的生活类杂志，一般选用较小字体来书写正文，并刻意将文字排列成松散的版式，以凸显素白的底色，从而加强悠闲的印象。

左图排版中，标题使用筑紫A Old明朝字体，字间距较为宽松。正文选用凸版文久明朝体，字号8.5Q（※），行距14.5H（※）。相对汉字而言，假名的字面较小，因此显得既富有宽松感，又不乏层次感。

（※ 日本使用的字号单位为“Q”，行距单位为“H”）

訪れたい都道府県で常に上位をキープする人気のスポット沖縄。最近では海外からの観光客にも人気を集め、ますます注目を集めています。美しい海とビーチでのんびり過ごすもよし、活動的にマリンスポーツを楽しむもよし、名所散策

文字排列应顾及老年受众

文字排列的原则中，首要的是易读性。尤其是正文，应根据受众的年龄段，来调节字号或字间距。年轻读者适合阅读小号文字，而针对老年人则基本会选择大字号，还应避免行间距过窄。

左图的正文采用本明朝12Q，行距20H。字面虽然较小，但字号却比上图中的大，因此较适合老年人阅读。标题采用RoNAU字体（汉字）和Ro行成字体（假名）混排，令人印象深刻。

訪れたい都道府県で
沖縄。最近では海外
す注目を集めていま
すもよし、活動的に
策で独自の琉球文
ショッピングも充実
る選択肢の多さが魅
はいさいツーリストな

制图：本石好儿　撰文：市川水绪

效果 ⑦图表与示意图

如何将数据、概念、意象等抽象的信息，转化为便于读者理解的可视化信息呢？考验设计师设计水平的，既不是单纯的表格，也不是Excel导出的图表，而是有趣的表现形式。

在信息图中以活泼的形式展现数字信息

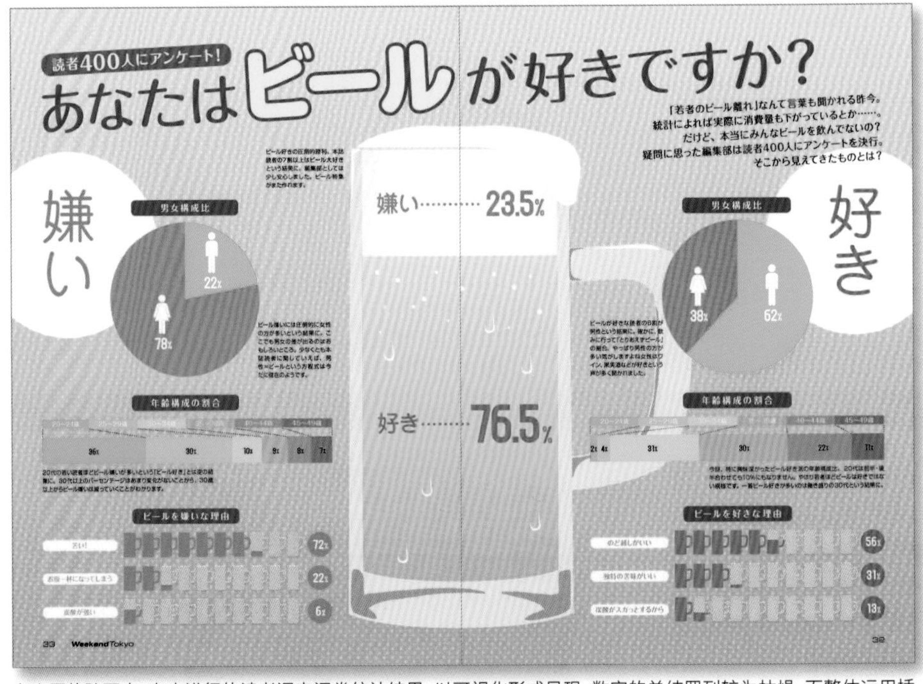

在上图的跨页中，杂志进行的读者调查问卷统计结果，以可视化形式呈现。数字的单纯罗列较为枯燥，而整体运用插画与信息图穿插的形式，则显得十分有趣。

图表的表现形式，也是设计的要素之一。通过图表，可以将数量的变化、对比、比例等详细的数字或数据转化为可视化信息，从而将照片或插画无法表达的信息，简单明了地传递给受众。近年来，这类可视化图表也被称为“信息图”，广泛应用于网页、杂志或企业的宣传资料。不同于在Microsoft Excel中制出的图表，信息图中还结合了插画，将复杂的数据加工转换为一目了然的信息。

除了图表之外，信息图还包括流程图、地图、线路图、图解、模式图、年表、图形符号以及图标等，也有不少是将其中几种结合使用。

信息图的优点在于，能让严肃枯燥的数字显得亲切和美观，但是在使用时必须根据信息媒体的特点，来判断应将其可视化表现到什么程度。信息图并不适合官方统计，或其他对资料准确性要求较高的媒体。说到底，信息图只是将数据进行简化，吸引读者阅读的一种表现形式。

将插画和图标结合使用

请看右图，“喜欢”和“讨厌”占比的饼状图与插画相结合，数字被转化成啤酒杯中的液体量，处处体现着设计师的良苦用心。单纯的图表并不是版面上视觉表现的主角，但通过对信息图的加工，却可以在表现企划内容的同时，将数据统计出来，起到一举两得的作用。

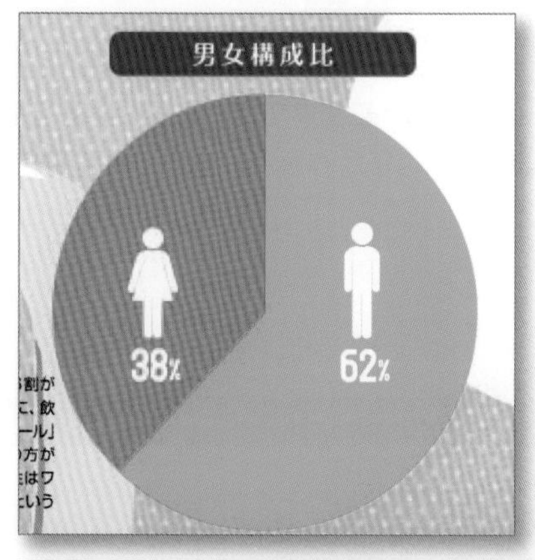

该设计没有止步于单纯的饼状图或柱状图，而是增加了象形图及图标化的啤酒杯。不仅在视觉上吸引了读者，还赋予枯燥的数字以生命力，刺激了读者的阅读兴趣。

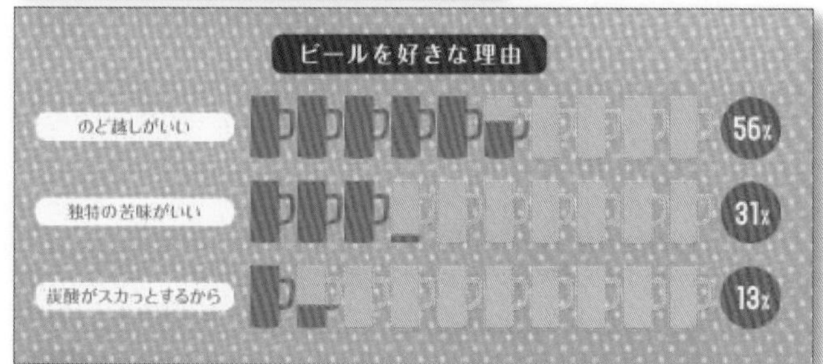

示意图用于表现概念或相关性

在处理理论或概念、构造或相关性等难以可视化的主题时，不妨借助流程图、概念图等表现形式。使用箭头或图形、符号或边框等工具，表现事物发展的流程或概要的形式，统称为示意图。

相较于文字表述，示意图可以更加简明和全面地概括复杂信息，因此在商业文件中得到广泛应用。

公司宣传手册包含企业理念、业务流程、组织架构等难以可视化的信息，所以示意图经常被用作此类信息的载体。其中，能表现事物发展过程的流程图是示意图中最具代表性的一种。

Color

制图：野口里子　撰文：市川水绪

效果 ⑧色彩的印象

色彩是可以瞬间辨识的视觉要素，相比于从文字或照片中读取信息，色彩能够更加快速地给受众留下印象。通过了解色彩对心理所产生的各种作用，有助于加强设计的视觉效果。

色彩对心理的作用

相同尺寸的蓝色箱子，明度越高、色调越亮的箱子看起来越轻，而明度越低、色调越暗的箱子看起来越重。由此可见，色彩可以作用于人的心理，引发丰富的情感，甚至令人产生错觉。

在色彩对心理产生的影响中，具有代表性的例子就是前进色和后退色。前进色是指在同一平面的各种颜色中，看起来向前凸出的颜色。明亮鲜艳的暖色就属于前进色。相反，冷色或色调暗、饱和度低的色彩则属于后退色，视觉上向后凹陷。膨胀色与收缩色之间的关系也与此类似，明度越高的色彩显得越膨胀，明度越低的色彩则显得越收缩。

另外，色彩对食欲也有很大影响。红色或橘色等暖色可以刺激食欲，经常被用于设计餐饮店的招牌。相反，蓝色等冷色，黑色、灰色等无彩色则会使食欲减退，甚至会使食物看起来很难吃，因此在设计中要谨慎使用。

上图的DM（快讯商品广告）中使用了前进色。红色的文字和黄色的条纹造成向外凸的视觉效果，具有引人注目的气势和力量，配色方式很符合设计意图。

这是西点店的传单。使用大尺寸的蛋糕照片和红色文字、粉色背景等暖色进行组合。这样的配色使人感觉照片上的蛋糕“很好吃”。淡淡的背景给人以轻盈、柔软的感觉，与蛋糕香甜的印象十分匹配。

后退色在视觉上产生凹陷之感

右图的DM（快讯商品广告）与左页中的设计相同，但在配色上选择了偏蓝色调的紫色、明度较低的绿色、无彩色的灰色等后退色，因此显得文字向下凹陷，无精打采。这样的配色，达不到降价促销、刺激消费者眼球的目的，与充满活力的排版氛围也不匹配。

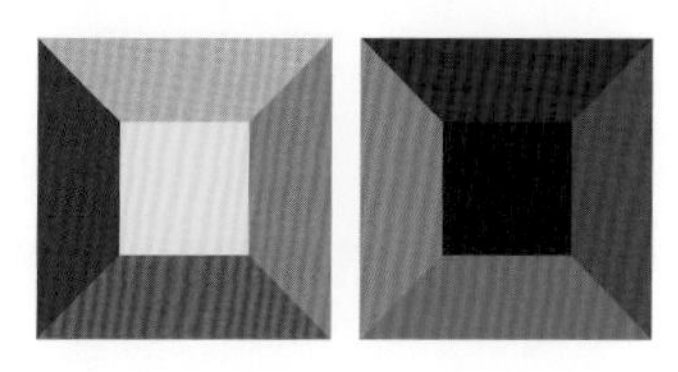

越是色调明亮的暖色就会显得越近（前进色），越是色调晦暗的冷色就会显得越远（后退色）。而且前进色看起来比后退色显得面积更大。这些视觉效果与色彩的波长有关，波长越长的色彩就会显得越靠前。

有些色彩会影响读者的食欲

在与食物有关的设计元素中，色彩是十分重要的。若使用蓝色或其他冷色调，会使读者食欲减退，因此连桌布都很少使用冷色调。特别是甜品的配色，如果色调过暗，就显得又重又硬，与蛋糕的感觉相背离。而灰色也有损甜品新鲜、水嫩的感觉，还是回避为妙。

浅色调等明度、饱和度高的色彩让人感觉轻盈。相反，深色调等亮度、饱和度低的色彩则让人感觉沉重。与蛋糕轻盈柔软的感觉相匹配的，无疑是左页中的配色。

信息图的参考书籍

在Part 2第48页中为大家介绍过的信息图，是一个近年来越来越受关注的领域，也是设计师要接触的领域，这里就为大家介绍一些该领域的学习书籍。

『インフォグラフィックの潮流 - 情報と図解の近代史』(《信息图的潮流——信息与图解近代史》)

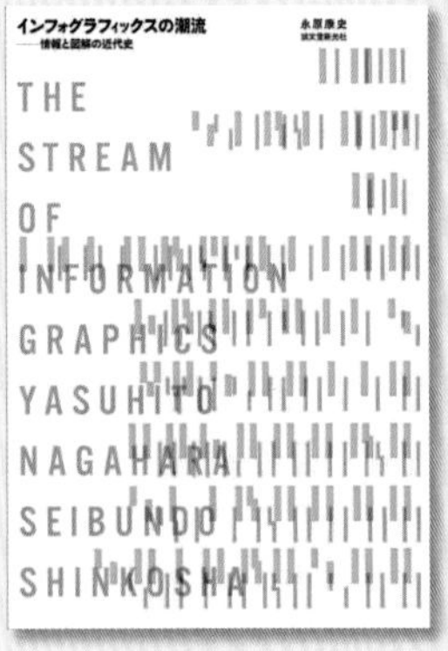

诚文堂新光社 2016年
永原康史 著

本书按照年代来追溯信息图发展历程的同时，加入了丰富的资料与解说，是一本网罗各种重要作品的珍贵日文资料，该书针对日益重要的数字时代的信息图表现形式进行了深入的讲解。

『インフォグラフィック - 情報をデザインする視点表現』(《图解力——跟顶级设计师学做信息图》)

诚文堂新光社 2010年
木村博之 著

本书作者参与了“长野奥运会官方指南”等的设计工作，按照“图解（Diagram）”“图表（Chart）&表格（Table）”“统计图（Graph）”“地图（Map）”“图形符号（Pictogram）”的分类顺序，讲解了信息图的基本技巧。书中大量的图例亦会使读者受益匪浅。

“Information Graphics”

TASCHEN 2012年
Sandra Rendgen 著

本书为B4开本，共480页，内容十分丰富。虽然是英文书籍，但其中收录了大量的信息图形制作实例，其体量和多彩的内容还是十分值得期待的。示例中也不乏与当今网络时代接轨的信息图。

Exercise

Part 3

“构成”练习

在卡片设计中学习

设计的练习需要从基本要素入手。我们平时只是机械地使用线或面，而本章将在重新学习和玩味它们的同时，尝试加以运用。我们将通过卡片的设计，来验证不同的使用方法所产生的效果和变化。

制图：大里浩二　撰文：大里浩二

线的练习

线是设计中最基本的要素。在实际运用中还包括直线、虚线、曲线等丰富的形式。本节将通过实际的练习让大家感受线在设计中所承担的角色。

线的作用

●编组

可以将若干部分进行编组，统一文字或要素。即使不使用闭合的边框，而仅用一条直线也可以做到视觉上的编组。

●分割

在内容分界处设置一条直线，可以划分事物，分割区域。其效果类似于分组，在整理信息时是一个不可或缺的功能。

●强调

在要突出显示的内容附近画一条直线以示强调。其中下画线和波浪线是比较常用的，有时还会像马克笔一样加上颜色。但应当注意避免所用线条隔断原本设计的现象。

●方向（走向、变化）

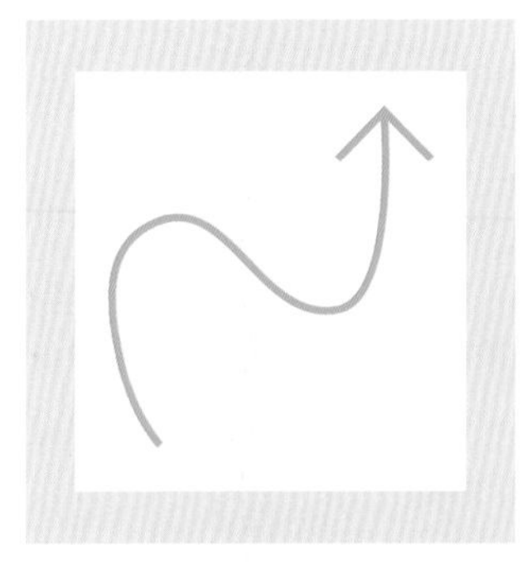

除了分割之外，线还可以制造路径。其中较为典型的是类似箭头一样指引方向的线条。除了直线，用于表现水或空气流向的流线型曲线还可以表现出柔软的感觉。

●关联（衔接）

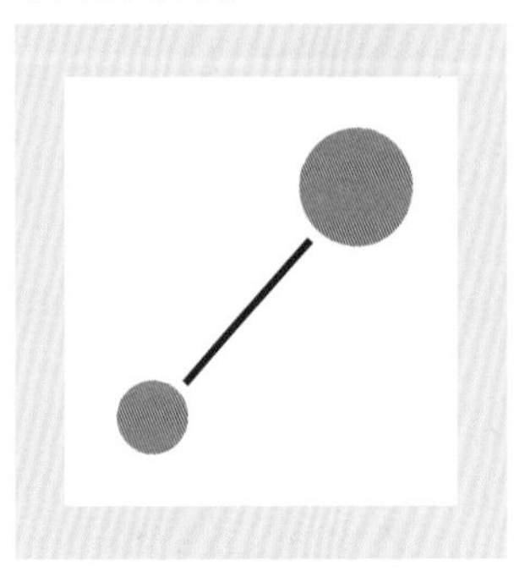

连接起同一平面上的多个点，或不同位置上的部件，以此来说明它们之间的关系。较为典型的是关联图和双六（※）图，根据线的颜色、粗细、种类等，可以对内在的含义分出不同的层次。

（※ 日本的一种博弈游戏）

●花纹（纹理）

将线折叠或以一定的间距排列，即可形成花纹。条纹和格子图案既不会妨碍阅读文章，又可以突出重点。其他形式还包括波纹或不规则曲线的图案。

练习❶ 使用线进行分组

接下来以名片为素材，使用线进行分组的练习。

在画线时，首先要考虑起点和终点。也就是从哪里开始，到哪里结束。这一点还关系到排列方式，也就是对齐到哪里。

将线的起点和终点连接在一起，就能构成"框线"，使空间从开放变为闭合。将信息框起来能使其更加明确，产生新的含义。

上图使用下画线将不同的信息分成4个小组，效果一目了然。

●分组应点到即止

使用线进行分组的效果是条理分明、简洁易懂，但是反过来说，过多地使用边框则会使页面杂乱无章，或者因线过于突出而形成压迫感。

因此不妨如右图所示，在信息分组的一侧画直线，反而显得简洁明了。

Tokyo
Aobadai,Meguro-ku,8-7-6
Osaka
Matsuzaki,Abeno-ku,12-3-4
Nagoya
Sakae,Naka-ku,5-4-32
Sapporo
Kita,Tyuoh-ku,2-4-68

可通过调节线的粗细和颜色，以区分信息的重要程度。

●并列分组

当一张名片上的多个信息中含有相同要素时，可以使用并列分组。也就是在每组信息之间画一条分割线。

在实际运用时，为了避免将名片画成表格（布满网格线），须注意画线的位置。

Tokyo
Aobadai,
Meguro-ku,
8-7-6

Osaka
Matuzaki,
Abeno-ku,
12-3-4

Nagoya
Sakae,
Naka-ku,
5-4-32

在名片3等分或4等分的位置上画一条分割线，令整个平面显得井然有序。

●集中分组

使用闭合的框线将单组信息包围起来，可使信息更加明晰。在此基础之上，通过将框线的边角圆滑化或给其添加装饰等，可以体现出设计者的别出心裁。

以闭合框线来分组，可以明确组与组之间的界限。

练习❷ 练习使用线进行分割

通过画线在信息之间形成界限，明确不同信息或不同话题的区域。

通过线进行分割，可以明确地展现出信息的含义，并对信息进行分类。但其实这个方法在常见的设计作品中却并不多见。希望大家充分理解线分割的作用及其效果，在应用时正确掌握方法，避免线太突出而喧宾夺主。

JEWELRY
AVALON

Avalon will produce the jewelry for elegant living.

Platinum Series
There is an elegant shine.
It will match with any fashion.

Silver Series
Shine that does not depend on the clothes of the color. You can elegant accent to casual.

There are professional staff to choose the most suitable jewelry for you.

利用线分割信息的作用有很多，包括引导视线、明确划分区域等。

●以线分割引导受众的视线

请看右图，利用几条直线将页面分割成不同区域，并且起到引导视线的作用。图中的横线强调出文字的走向，使得观者的视线更容易随之移动。

而竖线则将一个空间划分为两个部分，如同在两侧的信息之间设置了一个缓冲地带。

Avalon will produce the jewelry to elegant living.

Platinum Series
There is an elegant shine.
It will match with any fashion.

Silver Series
Shine that does not depend on the clothes of the color. You can elegant accent to casual.

图中的横线起到引导受众视线，便于阅读文字的作用；而竖线则通过分割区域，将不同的信息进行了区分。

●并列分割

将不同层级的信息置于相同位置，或将同一层级的信息并列排布时，都适合使用线进行分割。

线的粗细，以及条目之间是否等距，都会影响到信息的内在含义。

Luxury
Best jewelry will make you attractive.

Business
The business to success by wear.

Casual
Shine will be the day-to-day in a notch.

被线分割出的信息不在同一层级，这一点从条目间不同的间距就可以看出来。

●以“区别”为目的的分割

有些附加信息需要在页面上加以强调或区别，使用线即可将它们从主要内容中分割出来。

Luxury
Best jewelry will make you attractive.

Business
The business to success by wear.
Casual
Shine will be the day-to-day in a notch.

使用L形线条将图中需要另外强调的信息从其他信息中分割出来。

练习❸ 练习使用线进行强调

在阅读文章的同时，也可以使用下画线、波浪线、记号线等来突出显示某些信息。为页面上重要的内容打上标记，更易于向受众传递信息，这与阅读或查阅文件时在重要内容下面画线的作用是一样的。

可利用不同粗细、颜色、形状的线，来标识不同程度的重点内容。

Natural pearl

That of pearl found by chance from a natural pearl. Until it is cultured pearl in the 1920s, is said to not be found only a few grains from 10,000 shellfish, there was a scarcity value.

Thank you for your purchase.

We are pleased that you choose the shop from among a number of jewelry stores. Jewelry we make has a lifetime warranty.

线的类型多种多样，使用方法五花八门。多花心思多思考，多样的效果在等你。

●在重点部分画线

只需一条简单的下画线，就可以将重点信息强调出来。在字号较小、字体较细，或不显眼的位置上画出一条线，获得的关注度将会陡然提升。

为文字添加下画线时，应注意与文字拉开距离，适当的留白会显得比较美观。

Pearl because rich in beautiful luster of about are also referred to as production is a rare "Moon of drops," "Mermaid tears" in nature, have been prized as a gem from ancient times in many parts of the world. Pearl is a very delicate jewelry. Please treat on top of you read the instructions well.

在需要引起受众关注的句子下方拉一条下画线，即可起到强调的效果。

●注意起始

为标题或题目添加下画线的情况也很常见。在跳跃率较低、留白较少的页面中运用下画线，能起到提高跳跃率的效果，这一点非常有利。

Thank you for your purchase.

We are pleased that you choose the shop from among a number of jewelry stores. Jewelry we make has a lifetime warranty. Please bring us at any time adjustment of the condition.

当受限于版面空间而无法放大标题时，可以通过使用下画线来提高跳跃率。

●多样性

用线条进行强调的方法有很多，如改变线条粗细、颜色，在不同位置画线（上或下），用手写体画线，将线条做成记号，等等。不同的画线方法包含多种不同的意义，或给整个段落画线，或仅在文字下方画线，线条的强调效果蕴含着多种可能性，它的作用或与框线等同，甚至高于框线。

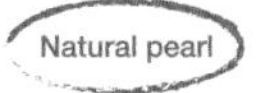

That of pearl found by chance from a natural pearl. Until it is cultured pearl in the 1920s, is said to not be found only a few grains from 10,000 shellfish, there was a scarcity value.

Pearl will be able farming, now affordable price.

用线来进行强调的方法种类繁多，包括手绘线标记、记号笔标记、虚线标记等。

Plane

制图：大里浩二　撰文：大里浩二

面的练习

在页面上填充出不同的色块，是区分内容的方法之一。面不仅可以赋予页面强烈的对比，还可以分层次呈现信息，这一点是线无法做到的。在本节中，我们将学习在页面上分别填入不同色块所能呈现的效果。

面的作用

●闭合

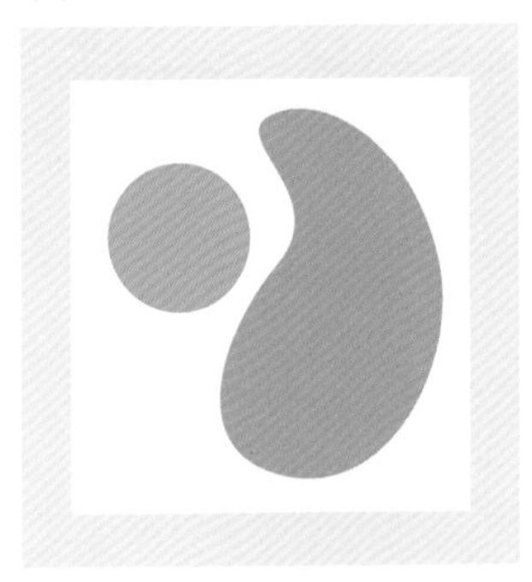

图形没有边界线，仅以颜色来表现就形成了面。给面设置不同的形状、位置、大小，可以表现出不同的视觉效果。

●开放

面原本是一种内部被填满的"闭合"图形，但有些情况下，未完全闭合的开放式边界也可以形成面。如左图所示，眼睛产生的视错觉就可以将熊猫的白色部分补充完整。

●分割

利用面可以对内容进行分割。填充不同颜色除了可以形成鲜明的区别之外，还可以瞬间完成视觉上的分类。

●对比度（颜色）

调节填充色的浓度，可以提高对比度。该性质也有利于对内容进行"区别"。如果文字、插图等元素较为单调，使用此方法也可以提高跳跃率。

●图形

除四边形之外，面还可以呈现圆形、椭圆形、多边形等各种形状。既有几何图形，也有自由图形。自由图形类似于插画，比如剪影也可以称为面。

●层次

平面图像中的前后位置关系（纵深感），仅凭线是难以表现出来的。而通过面的使用，在平面上就可以制造出纵深感，明晰图像中的空间关系。

练习❶ 使用面进行分组

下面来练习如何使用面进行分组。

使用面之前，应考虑是将信息全部框在面之内，还是将面铺在部分信息下方，抑或将二者分列于不同位置。

另外，不同的面的形状将会带来不同的形象联想。面是信息的背景，你用浅色展现信息，还是用浓度高于信息的颜色来弱化信息，等等。不同的展现方式下，给读者带来的印象是完全不同的。

在介绍文字的下方印一个水绿色的圆形，以此将不同类目进行了分组。

●分组应点到即止

使用面进行分组，其道理和用线分组一样容易理解。面的使用应考虑色块的面积，如果色块过大，会压迫到页面的其他部分。

无须将信息完全包围在色块中，仅将小面积色块铺在局部信息下方，就可以起到分组的作用。

ハタ・ヨーガコース
初心者向けの体操的なヨーガです。
パワー・ヨーガコース
身体に負荷をかけるダイエット向け。
マタニティ・ヨーガコース
妊婦の心と身体を安定させます。

在信息的局部位置上使用面，也可以起到分组的作用。

●并列分组

使用面来分割不同要素，填充不同底色，可以达到并列分组的效果。

面与面之间是无缝连接的，所以必须用不同底色来加以区分，但为了避免层级差，配色时应选择相同色调、不同色相。

ハタ・ヨーガコース
初心者向けの体操的なヨーガです。
パワー・ヨーガコース
身体に負荷をかけるダイエット向け。
マタニティ・ヨーガコース
妊婦の心と身体を安定させます。

为了避免产生层级差，配置面的底色时应选择相同色调。

●集中分组

将信息框在面的范围之内，可以将信息清晰分组，通常一组信息被框在一个面内。圆角矩形、椭圆形或多边形等面的形状变化，会对视觉效果产生很大影响。

ハタ・ヨーガコース
初心者向けの体操的なヨーガです。
パワー・ヨーガコース
身体に負荷をかけるダイエット向け。
マタニティ・ヨーガコース
妊婦の心と身体を安定させます。

将信息框定在一个面之中，可以明确分组。

练习❷ 练习使用面进行分割

使用面进行分割，就是通过色块来分割平面。因此色彩差异越大，代表着分割出的信息的差异越大。可以通过调节明度、饱和度等制造差异，也可以通过前进色和后退色来营造立体感。

通过有层次的分割，表现出空间的立体感。

●以面分割引导受众的视线

右图使用了带箭头的面，来提示阅读方向是自上而下的。这个示例并未使用复杂的形状，而是用了简单的三角形向下箭头，很自然地引导了受众的视线。

ほどく・Release

おこす・Activate

ととのえる・Balance

以带三角形向下箭头的面进行分割，自然地引导受众的视线。

●将信息分割出层级关系

如果需要将信息分割出层级关系，可以利用面的不同形状。通过面积大小自然可以分出层级，而利用一些特殊的形状（如右图中的椭圆形），则可以将层级关系表达得更加直观。

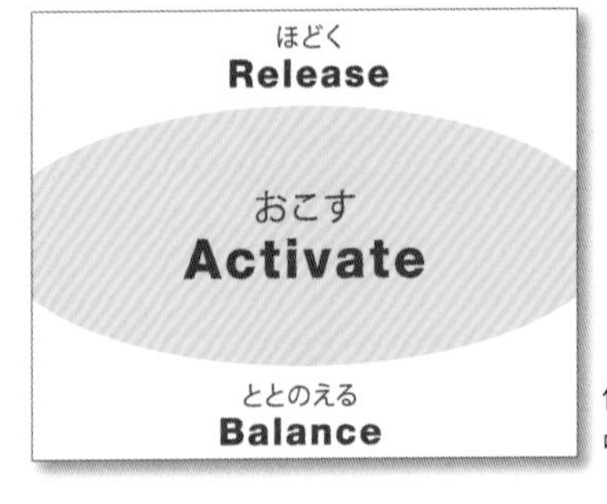

信息放置在形状膨大的面中就产生了层级。

●将信息分割出具有远近感的层级

通过面的运用，还可以制造出三维空间中的远近感。将同一形状的面错开重叠，可以从视觉上将面与面之间拉开距离。

这种有层次的分割经常被应用在索引性质的信息中。

有层次的分割可以产生纵深感，适合制作索引。

练习❸ 练习使用面来进行强调

使用面来进行强调时，形状和色彩这两个要素都会对其产生很大影响。单独使用其中一个要素就可以进行强调，结合二者则可进一步强调。

特别在使用色彩进行强调时，将信息内容反白等正负形的处理可以增加强调的力度。

ハタ・ヨーガ

ヒンドゥー教聖者ゴーラクシャナータが大成したのがハタ・ヨーガです。ハタはサンスクリット語で強さを意味する言葉で、太陽を意味する「ハ」と、月を意味する「タ」という語を合わせた言葉です。

火・木　13:00〜14:30

水・金　10:00〜11:30

以形状强调标题，以反白强调日期和时间。

●在信息下方铺上有特点的形状

受众的视线会被页面上独特的形状吸引。虽然在简洁的排版中，简单的形状也足够吸引视线，但如果同一平面上的要素较多，可以选择爆炸图形等有尖锐棱角的形状来诱导视线。

ハタ・ヨーガ

ヒンドゥー教聖者ゴーラクシャナータが大成したのがハタ・ヨーガです。ハタはサンスクリット語で強さを意味する言葉で、太陽を意味する「ハ」と、月を意味する「タ」という語を合わせた言葉です。

简洁的排版中，简单形状的面即可以起到强调的作用。

●利用色彩

右图中，底色比周围颜色抢眼的部分就是要强调的部分。可以利用互补色对比，或色彩的明度差、饱和度差对比等方式来进行强调。

ハタ・ヨーガ

ヒンドゥー教聖者ゴーラクシャナータが大成したのがハタ・ヨーガです。ハタはサンスクリット語で強さを意味する言葉で、太陽を意味する「ハ」と、月を意味する「タ」という語を合わせた言葉です。

左图选择了金黄色来进行强调，这是与背景的水蓝色形成互补的颜色。

●利用正负形进一步强调

在使用色彩进行强调的方法中，将信息反白显示，或使用高亮度色彩形成正负形，其强调力度非常大。将正负形与特殊形状相结合，可大大提高强调力度，因此常用于促销传单设计。

ハタ・ヨーガ

ヒンドゥー教聖者ゴーラクシャナータが大成したのがハタ・ヨーガです。ハタはサンスクリット語で強さを意味する言葉で、太陽を意味する「ハ」と、月を意味する「タ」という語を合わせた言葉です。

正负形可以起到特别突出的作用。

White Space

制图：大里浩二　撰文：市川水绪

练习处理留白

在平面设计中，完全空白的部分称作留白。在设计上有制造和运用留白的手法，因此留白绝不是无用或多余的部分。希望大家可以将其作为设计的要素加以使用。

留白的作用

●分组

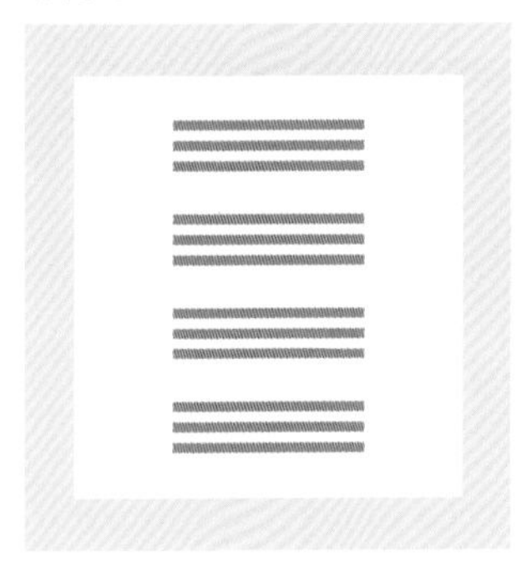

此处未使用线和面，只是在内容与内容之间制造出了足够的留白，这样也可以起到分组的作用。

●吸引视线

让需要突出显示的信息四周全部留白，就可以将受众的目光吸引到信息之上。

●强调

在正文与标题的字号相差无几的情况下，在其间留白可以起到强调标题的作用。

●引导视线

在不同内容之间适度留白，即使没有箭头或序号，也可以自然地引导受众的视线。

●营造气氛

留白可以给人舒缓的印象。

很适合用于表现高端、大气的世界观。

●功能

当我们用手翻阅书籍或报纸时，如果页面信息排得太满，有些位置上的信息就会被手遮挡。因此确保足够的留白，可以提高纸媒的可读性。

练习1 使用留白进行分组

设置一些留白，将版面上不同的内容隔断，这样自然就形成分类了。

利用留白进行分组，不像使用线或面那样会额外添加内容，因此不会产生任何预期外的效果。另外还可以营造出一种舒适的节奏感。这些都是留白分组的优势。

在类别间设置留白，可以起到分组的作用。

●对照片分组

相邻的矩形照片之间很容易看出区别，因此只要在它们之间留出稍许间隔，就可以起到分组的作用。有些照片的排列比较密集，但只要其风格不同，也不难看出区别。

综上所述，只要每组照片之间的间距大于组内照片之间的间距，就表明它们分属于不同的群组。

只需在照片之间加以些许留白分隔，即可轻易区分不同群组。

●对文本分组

文本之中本来就有行间距和字间距，而且每个文字内还有间隙。因此必须在组与组之间至少留出一行以上的间隔，否则分组不明显。

タマゴサンド	920円
ハムサンド	920円
ミックスサンド	970円
レアチーズケーキ	750円
シナモントースト	750円
自家製ケーキ	750円

在文本中利用留白分组，必须留出较大间隔。

●对插画分组

利用留白的方式进行插画分组，是由插画的风格决定的。请看右图中的线条画，每一组插画的物体之间都有较大的不规则空白，所以相较于文本需要留出更大的空间。

在对线条画进行分组时，需要留出更大的空间。

练习❷ 练习使用留白吸引或引导受众的视线

通过改变留白的大小或排布方式，可以将受众的视线吸引到任意位置。

在版面中大面积留白，将信息简要地放在中央位置，如此可以有效地将视线聚焦于信息上。

利用比例恰当的留白来分隔排布画面要素，有助于引导受众的视线。

上图对留白的处理，将受众的视线引向标识，以及在不同的照片和文字之间来回浏览。

●吸引受众的视线

为了将视线聚焦到一个点上，必须大面积留白。虽然略显浪费版面，但在留白空间所营造的令人心情舒畅的氛围中，将受众的视线聚焦到重要信息上，更容易赢得受众的共鸣。

焙る
Roast

焙煎とは、コーヒーの生豆を炒る加熱作業のことで、焙煎により香りや、苦味、酸味、甘味といったコーヒー独特の風味が生まれます。

在重点信息的周围大面积留白，有力地将受众的视线聚焦于此。

●引导受众的视线

除了分组和吸引视线之外，留白还可以引导受众的视线。将版面信息排列出阶梯状，这样即使没有箭头或序号，也可以引导受众沿着阶梯去接收信息。

浅炒り
茶褐色で軽い味わい。
アメリカン·タイプと呼ばれます。

中炒り
レギュラーコーヒーは、
この段階のものが多く使われます。

深炒り
強い苦味と独特の香り。
フレンチローストやイタリアンロースト。

左图示例既实现了分组，又起到引导视线的作用。

●引导受众来回浏览所有信息

将不同信息所在的组在版面上排成三角形，并在其间大面积留白，可引导受众的视线在三组信息之间来回移动。受众可以从感兴趣的点出发，来回浏览各组信息，甚至可以引导受众将视线循环移动数圈。

10:00～19:00
毎週木曜定休

如此留白，促使受众从感兴趣的点出发，在版面各信息之间来回浏览。

练习❸ 练习用留白营造气氛

使用留白还可以营造版面气氛，以获得吸引受众的效果。当然，仅使用文本或插图也可以营造气氛，但照片可以更加高效地将理想氛围传递给受众。

在留白中可以添加标识、文章、照片等任意元素。

由于该技巧可以打造优质的观感或意象，因此在广告中十分常见。

照片内部留白引导受众将视线聚焦在广告语上，呈现产品所展现的意境之美。

●利用照片衬托留白

用角版照片作为反衬，将信息排布在留白区域之内，由照片所营造的氛围与信息产生出相辅相成的联系。

在右图的示例中，标识和照片采用相同配色，既突出了标识，又统一了版面的视觉效果。

整个版面既突出了标识，又统一了版面的视觉效果。

●利用文字衬托留白

利用文字也可以制造气氛。与照片不同的是，必须通读文字才能领会其中的含义，通过文字衬托留白，能让所有受众感受到一种高雅的韵味。

右图的设计中，咖啡豆的照片和标题"焙"，基本反映了产品的格调。

焙る
焙煎とは、コーヒーの生豆を炒る加熱作業のことで、焙煎により香りや、苦味、酸味、甘味といったコーヒー独特の風味が生まれます。

利用文字留白的方法，打造出高雅的韵味。

●在照片内的留白中形成世界观

在照片内部大面积留白，可以使照片与其中的信息较强地融为一体。直观展现照片本身的意境，可使人形成极佳的意象。

在照片内部留白，可使照片与其中的信息较强地融为一体，并转化为一种极佳的意象。

专栏 Column

展示作品集

设计师可以通过作品集向别人介绍自己的作品，直观展示自己的设计风格。作品集应定期更新、保证足够数量，以供展示。

在过去，作品集无疑是以印刷品的形式呈现。而近年来，在网络上展示作品的手段也越来越多。将制作好的作品集导出为PDF格式供人下载，非常方便浏览。

还有一类专业社交网站，提供展示设计作品集的服务，其中最知名的网站是Dribbble。只要注册一个账号，就可以发布图片，获得“点赞”，还可以接到通知，查阅自己喜欢的作品等。虽然目前只提供英语版本，但对有志将自己的作品推向世界的插画师或平面设计师来说，是一个值得推荐的网站。

如果使用Adobe的Creative Cloud，还可以用Adobe的账号登录设计社交网站——Behance（与Dribbble同类型），发布自己的作品。

Dribbble

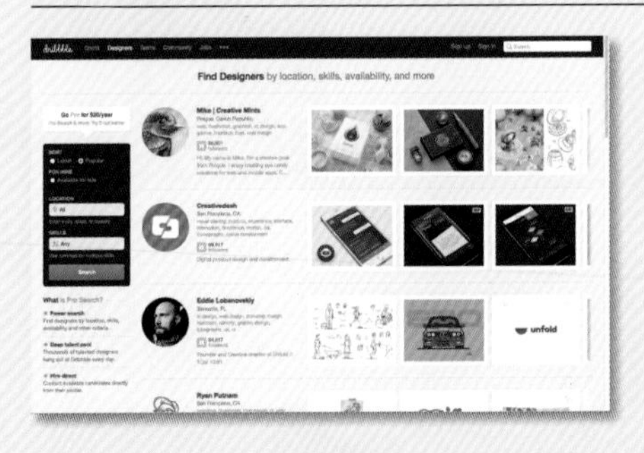

https://dribbble.com/

是一个面向全球创意设计人士，专门提供作品在线服务的社交网站。

Behance

https://www.behance.net/

Adobe旗下的社交网站，创意设计人士可以在此展示自己的作品，或者发现别人分享的创意作品。

Exercise

Part 4

使用文字练习

文字是平面设计中用来传达信息的最重要的要素。首先要练习仔细地处理每一个文字，熟练之后，再通过练习掌握要以何种字体、大小、位置对文字进行组合。

Typography

制图：大里浩二　撰文：大里浩二

使用西文练习

在利用静态媒介传达的信息中，文字是不可或缺的元素。在这一节中，我们将学习日常使用的文字所起的作用及其传达信息的方式。

西文字体的基本类型

●罗马体和无衬线体

罗马体
AaBbCcDd
无衬线体
AaBbCcDd

罗马体是由古代罗马碑文演变而来的字体，其特点是带有衬线及线条强弱变化。无衬线体则属于现代设计字体，特点是直线形且不带衬线。罗马体也可称为衬线体。

●手写体字体

手写体字体是模拟手写（笔记体）风格的字体，其变体十分丰富。比普通字体难辨认，一般用于有特殊需要的场所或标志。

●其他字体

哥特体
AaBbCcDd
Display字体
AaBbCcDd
点阵字体
AaBbCcDd

还有其他样式丰富的字体，包括哥特体、Display字体和源自数码字体的点阵字体等。

●Old Style与Modern Style

Old Style
AaBbCcDd
Modern Style
AaBbCcDd

西文字体的设计中，罗马体分为两种，笔画细的部分像倾斜笔身手写一样，略显倾斜的字体叫作Old Style（旧风格字体）；而笔画细的部分具有几何垂直感的则叫作Modern Style（现代风格字体）。

●各种字体风格

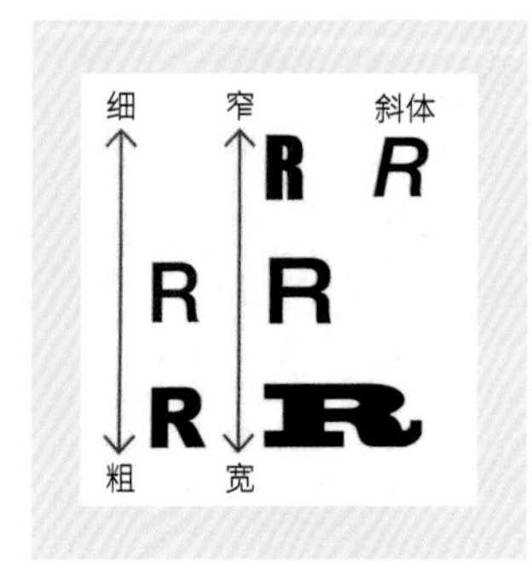

字体笔画的粗细称为字重，字体从细到粗有很多变形。还有字幅较窄、较宽的字体及斜体。

●字体家族

示例
Myriad Pro
Myriad Pro
Myriad Pro
Myriad Pro
Myriad Pro
Myriad Pro
Myriad Pro

将设计相同、粗细或组合不同的字体集中在一起，称为字体家族。做设计时，在字体家族中寻找字体，有助于统一设计的风格。

如何使用罗马体与无衬线体

西文字体可以分成罗马体和无衬线体两大类。无衬线体从开发之初便着眼于适应现代书写的合理性，因此这种字体较为适合表现具有现代感和未来感的事物。

与之相反，罗马体则比较传统和正统，因此适合用在需要表现文化气息的场合。

罗马体中具有现代感的Modern Style是兼具传统与现代气质的字体，可广泛应用于各种场合。

左图中的文字使用了Modern Style的罗马体，表现出精炼的现代都市气息。给人的印象既现代又不失传统感。

●使用无衬线体

无衬线体用于书写短文，排版后阅读体验颇佳。但无衬线体不能体现传统印象，也不易于营造文化气息，有时还会带来工业化的感觉，因此在处理设计题材时应多加考虑。

左图中的文字使用粗大的无衬线体书写，阅读体验好，但从中完全感觉不到音乐的抒情感。

●使用Old Style的罗马体

Old Style的罗马体是一种适合表达传统和文化气息的字体，但有时会给人过于古典的感觉。而且还可能会让人觉得产品本身比较复古，这一点还应多加注意。

使用Old Style的罗马体书写，传统感和文化感较强，但不适合都市气息的设计。

●使用无衬线体和罗马体的组合

为避免设计方向不明，通常不应混用多种字体，但实际设计时经常会在细小的标题上使用不同的字体。由于无衬线体的阅读体验好，所以小范围使用也是可以的。

使用无衬线体来书写字号较小的文字，可以将字缩得更小。仅标题和作者用Modern Style的罗马体来书写，可以起到强调的作用。

练习❷ 结合手写体使用

手写体是根据手写字设计出来的，但手写字的书写工具又有钢笔、马克笔之分，所以没有固定的样式。右图示例中使用的手写体类似花体字，颇具现代气息，是一种能够体现都市气息的现代手写体。

手写体字体的缺点在于，不习惯的受众读起来体验相当差。对非英语母语的人而言，很难判断书写的内容。

手写体字体能够很好地呈现出都市的现代气息，但总的来讲，其阅读体验是比较差的。

●使用草书的手写体

短时间内写就的潦草手写体，有一种轻松不羁之感。草书没有什么传统和文化氛围，而且阅读体验较差。因此只适用于休闲的场合。

左图示例中的文字为草书手写体，可能会让人感觉这是一场业余演奏会。

●使用彩色粉笔风格的手写体

下图使用了彩色粉笔风格的手写体。这种字体虽然是手写体，但并不属于所谓的笔记体，虽然阅读体验颇佳，但是显得更加休闲随意，因此会令人联想到这是一场儿童音乐会或儿童演奏会。

彩色粉笔风格的手写体会令人将其与幼童联系起来。

●使用近似罗马体的手写体

右图所用的手写体中，融合了近似罗马体的元素，阅读体验好又颇具格调，因此还适合书写传统或文化类的主题，适用于各种场合。

该字体所具有的个性元素十分吸引人的视线。相较于书写长句，该字体更适用于简短的广告标语。

练习3 使用同一字体的字体家族

字体家族由设计理念相同，但字体的粗细、宽窄、倾斜度等属性不同的若干个字体组成。

整个版面都使用同一种字体会显得缺少变化，但使用不同字体又容易显得杂乱无章。为避免这一情况，可以选择同一字体的变形字体，在保持统一感的同时还可以制造出层次感。

左图使用了Modern Style的罗马体的字体家族。既保持了版面的统一感，又使版面呈现了层次感。

●使用无衬线体的字体家族

无衬线字体表现不出的底蕴，可以通过样式的变化来表现。虽然仍无法让人感受到传统气息，但是具有都市的时尚感和成熟感。随着字体中笔画的变化，无衬线体的表现层次能够得到扩展。

粗无衬线体的力度与细无衬线体的细腻相互作用，营造出一种时尚感。

●使用Old Style的字体家族

Old Style中较粗的字体能够带来些许现代感。不同粗细的字体之间的差异，浏览时会产生层次感，削减单调感，引人注目。

字体粗细差别所带来的层次感，能让受众感受到华丽高雅的气质，从而心生愉悦。

●使用多种手写体

手写体字体中很少有字体家族。右图示例中使用的是手写体字体家族中粗细不同的字体。尽管如此，手写体的阅读体验仍然很差，并且没有层次感。

阅读体验差，看起来还很像专业乐谱的封面。这样的字介不会在普通的宣传媒介上使用。

制图：大里浩二 撰文：大里浩二

使用日文练习

日文包括平假名、片假名、汉字。为了装饰或补充，还会在日文中添加西文。这一特点，与单纯使用西文大为不同。此外，本节我们还将学习利用设计软件处理文字时的注意事项。

注：本节中所用实例字体均为日文字体，仅供参考。

日 文字体的基本功能

●明朝体与黑体

明朝体 明 黑体 明

日文字体中最具代表性的，是以传统手写楷书为原型设计的明朝体，以及以直线为原型设计的具有现代气息的黑体。

●现代字体

字怀较大、横平竖直的黑体字是典型的现代字体。近来，黑体字中也开始出现提高了辨识度的UD（通用设计）字体，以及笔画如同明朝体一般有粗细变化的字体。

●传统字体

隶书 隷 行书 筆

在传统的古书或印章中会见到隶书，以及从毛笔的不同笔锋演变而来的行书和草书等各种字体。根据不同的情况选用不同字体，才能收获预期效果。

●字体的粗细（字重）

日文字体也有字体家族，只是日文字体中基本没有斜体和长体。

●长体字与扁体字

日文字体中一般很少出现长体字，或字宽有差别的字形，因此只是把基本字体做些改变，比如压缩字宽（长体字）或压缩字高（扁体字）。为避免影响阅读体验，字体不应过于多样化。

●Old Style 与 New Style

字怀较小且笔画圆润的Old Style，重现了活字印刷中的积墨外缘带；字怀较大且笔画平直的New Style，则给人干净利落的印象。

决定字体“表情”的要素

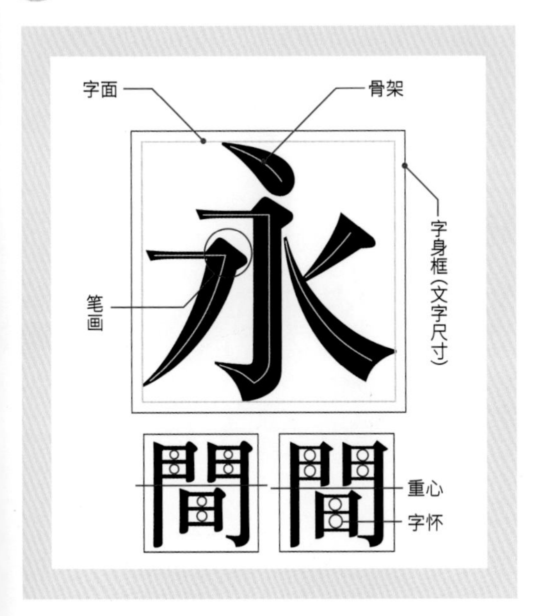

字面　即使指定了文字的大小，如果字体不同，看起来大小也会有差别。这是因为字面本身的大小是不一样的。大字面的文字比较醒目，小字面的文字则适合书写篇幅较长的文章。

骨架　相当于文字的中轴，决定着文字本身的形状，以及文字给人留下的印象。

笔画　如果把文字的中轴比作骨架，那么笔画就相当于血肉，通过对笔画起笔、收笔的露锋、藏锋等进行形变设计，为文字塑造个性。

重心　重心决定着文字骨架的平衡，以及文字平衡的中心点。重心高的文字，显得高雅、紧凑、有张力；重心低的文字则显得安稳，让人觉得亲切。

字怀　指文字内部空心的部分。字怀越大文字显得越开阔，字怀越小则文字显得越紧凑。字怀与重心相关联，是字体印象的决定性因素。

必备的“排列”基础知识

●竖排与横排

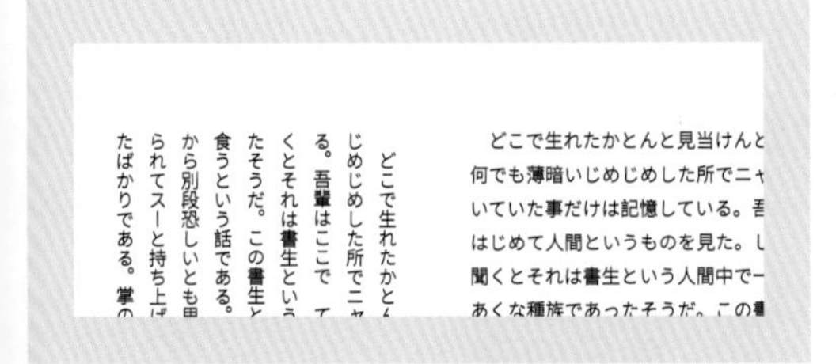

一般来说，在日本以小说为代表的读物大多采用竖排，而包含大量算式和西文的书籍则大多采用横排。杂志中常见横竖混合的排版方式。

●每行的字符数与字符间距比例

13字符

旅であったそうだ。この書生というのは時々我々を捕つかまえて煮にて食うという話である。しかしその当時は何という考もなかったから別段恐しいとも思わなかった。ただ彼の掌てのひらに載せられて

23字符

旅であったそうだ。この書生というのは時々我々を捕つかまえて煮にて食うという話である。しかしその当時は何という考もなかったから別段恐しいとも思わなかった。ただ彼の掌てのひらに載せられてスーと持ち上げられた時何だかフワフワした感じがあったばかりである。掌の上で少し落ちついて書生の顔を見たのがいわゆる人間というものの見始みはじ

杂志的正文每行15个字符，随笔等读物则每行35个字符。一般来说，字间距越小越容易瞬间把握文字的内容，字间距较大则更适合慢慢细读。

●字间距基本采用标准间距

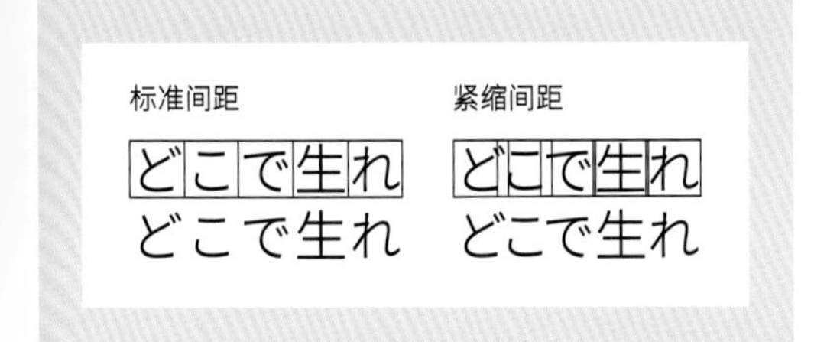

前一个字符的字身框边缘与后一个字符的字身框边缘接邻，这样的间距称为“标准间距”，篇幅较长的文章基本都采用这种间距，而标题文字按紧缩间距排列更便于阅读。

●行距引导视线的走向

行距1.25倍
（行间距0.25倍）

旅であったそうだ。この書生というのは時々我々を捕つかまえて煮にて食うという話である。しかしその当時は何という考もなかったから別段恐しいとも思わなかった。ただ彼の掌てのひらに載せられてスーと持ち上げられた時何だかフワフワした感じがあったばか

行距1.75倍
（行间距0.75倍）

旅であったそうだ。この書生というのは時々我々を捕つかまえて煮にて食うという話である。しかしその当時は何という考もなかったから別段恐しいとも思わなかった。ただ彼の掌てのひら

行与行之间设置的距离称为行距。行距较宽，阅读者便容易捕捉文字的走向，但如果过宽则会分散注意力。正文的行距以1.25～1.75倍为准。

练习❶ 感受字体间的差异

文字本身的意象对于营造整体氛围有着很大的影响。我们不妨从“如何选择字体”“如何组合使用字体”等问题入手思考字体的各种使用方法。

特别在对不同字体进行组合运用时，调整字体大小等工序十分重要。

文字和插画的方向性结合得很好，整体氛围显得明亮干净。

●选择字体

首先要选择字体。在这里选取了明朝体、黑体、圆黑体等带有强弱感的字体。为了表现出明亮、明快之感，全部采用了New Style。

ヒラギノ明朝W6	今日の夜は和風ハンバーグよ！
新ゴDB	今日の夜は和風ハンバーグよ！
じゅん34	今日の夜は和風ハンバーグよ！
フォークB	今日の夜は和風ハンバーグよ！

根据事先设定好的感觉，选择4～5种字体进行比较。

●组合使用字体

漫画对白中的汉字是黑体，假名则是明朝体。大家可以尝试像这样将两种字体组合使用。不同的字体组合在一起会带来不同的观感。

新ゴDB+ヒラギノ明朝W6	今日の夜は 和風ハンバーグよ！
新ゴDB+フォークB	今日の夜は 和風ハンバーグよ！

组合使用不同字体，主要分汉字和假名两大类。

●调整尺寸及字间距

为了表现出清爽干净的感觉，这里选择使用新黑体DB与Folk B。

由于Folk字体的字面比新黑体小，因此需要调整尺寸。缩短了代表长音的“—”。另外字间距也逐个进行了细致的调整。

今日の夜は
和風ハンバーグよ！

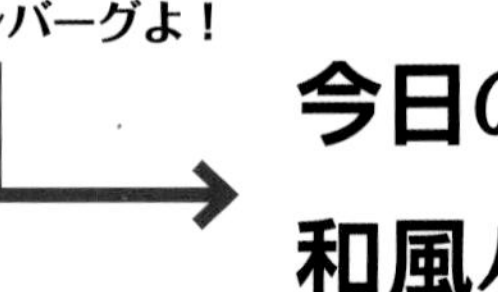

组合不同字体时，调整外观大小非常重要。

练习❷ 注意字间距与行间距

字间距和行间距是决定版面印象的重要因素。小说等长篇幅的文章基本采用标准间距排列，以保持有规律的节奏感。一般杂志的正文基本也使用标准间距排列，但标题则通常采用紧缩间距排列。广告的标语和正文大多需要逐字调整字间距。

晴れた日の海岸を歩く。ここちよい風が吹く。
ふと見上げると1羽のカモメがゆったりと
風に身をまかせるように飛んでいた。
海岸沿いにある小さい赤い屋根のカフェ。
それがわたしたちの城。

字间距较宽的文字，读起来也比较平心静气。

●了解字间距的变化

改变字间距所带来的版面印象的转变超乎想象。紧缩字间距排列显得高效而务实，字间距较宽的排列则给人以和缓舒适的印象。

字间距紧缩 紧缩字符大小的5%	晴れた日の海岸を歩く。ここちよい風が吹く。 ふと見上げると1羽のカモメがゆったりと
标准字间距	晴れた日の海岸を歩く。ここちよい風が吹く ふと見上げると1羽のカモメがゆったりと
字间距加宽 加宽字符大小的10%	晴れた日の海岸を歩く。ここちよい風が ふと見上げると1羽のカモメがゆったり

虽然是同一种字体，但经过处理后，给人的感觉大为不同。

●了解行间距的差异

与字间距一样，缩紧行间距显得高效，加宽行间距则显得和缓。行间距与字间距紧密相关，因此如果加宽字间距，也必须随之加宽行间距。

行距1.6倍（行间距0.6倍）

晴れた日の海岸を歩く。ここち
ふと見上げると1羽のカモメカ
風に身をまかせるように飛んて
海岸沿いにある小さい赤い屋枯
それがわたしたちの城。

行距2倍（行间距1倍）

晴れた日の海岸を歩く。ここち
ふと見上げると1羽のカモメカ
風に身をまかせるように飛んて
海岸沿いにある小さい赤い屋枯
それがわたしたちの城。

加宽行距，使得整体看起来和缓平稳。

●字偶间距调整与字距调整

字偶间距调整，是指以相同数值同时调整若干文字的字间距，字距调整是指逐个文字调整字间距；广告基本采取字距调整的方式调整字间距。

右图示例的字间距设置，使文字有了闲适的诗情意味。

140　120　100　20　140　120　0　-20　-60　60

風に身をまかせるように

假名的字体较小，因此调整字间距时，有些部分需要进行紧缩调整。

Jump Rate

制图：大里浩二　撰文：大里浩二

练习设置跳跃率

跳跃率的本质，是通过对文字或其他元素制造差异，在设计上形成对比。文字的跳跃率体现在字体的粗细、文字的大小以及颜色的对比上。此外，留白的处理也与此相关。

跳跃率的功能与效果

●为信息分出强弱

通过设置跳跃率，可以在视觉上创造出强弱，突出显示重要的消息，令读者一眼便可捕捉到。一般认为，强弱差别大的版面，跳跃率高。

●便于视线捕捉信息

当需要对长篇且配多图的文章进行页面布局时，各区域的跳跃率将带有不同的意义，此时将内容的大小、处理方式进行统一，可方便读者浏览文字，捕捉信息。

如何设置跳跃率

●更改字号

グラフィックデザインはさまざまな要素を配置しますが基本的に人物写真の顔の部分には要素は置きません。顔をきちんと見せることはメッセージ性やストーリー性にとって、とても大切なことだからです。

放大重要的部分以制造差异，这是最常用的方法。如果改变了文字的大小，也必须同时改变行距。

●加粗或更改字体

グラフィックデザインはさまざまな要素を配置しますが基本的に人物写真の顔の部分には要素は置きません。顔をきちんと見せることはメッセージ性やストーリー性にとって、とても**大切なこと**だからです。

文字大小保持不变，在需要突出的部分使用粗体字制造差异，这也是设置跳跃率的方法。

●使用下画线或颜色标记凸显文本

グラフィックデザインはさまざまな要素を配置しますが基本的に人物写真の顔の部分には要素は置きません。顔をきちんと見せることはメッセージ性やストーリー性にとって、とても大切なことだからです。

配合线条的使用，突出显示对象文本，也可以确保跳跃率。但是不可用得过多，否则会丧失应有的作用。

●更改文字颜色

グラフィックデザインはさまざまな要素を配置しますが基本的に人物写真の顔の部分には要素は置きません。顔をきちんと見せることはメッセージ性やストーリー性にとって、とても大切なことだからです。

更改文字的颜色，可以对跳跃率的提高起辅助效果。由于文本一般使用黑色，因此可以将对象文字更改成彩色。但注意，如果颜色选择不当，很容易起反效果。

练习❶ 利用文字大小设置跳跃率

在字体相同，仅需变更字号来设置跳跃率时，正文与强调部分的字号需有较大差别。右图示例中，大字号是小字号的2倍。

正文是1.6倍行距，标题是1.2倍行距。因为标题只有2行，行数较少，较小的行距才能保证其辨识度。

所有字体均为冬青黑体明朝W6

字号20Q/行距24H

ティータイムにあう
イギリス菓子

字号10Q/行距16H

小麦粉、大麦粉、あるいはオートミールにベーキングパウダーを加え、牛乳でまとめてから軽く捏ね、成形して焼き上げるパンの一種。粉にバターを切り込んだり、レーズンやデーツなどのドライフルーツを混ぜて焼き上げられるこ

Before

ティータイムにあう
イギリス菓子
小麦粉、大麦粉、あるいはオートミールにベーキングパウダーを加え、牛乳でまとめてから軽く捏ね、成形して焼き上げるパンの一種。粉にバターを切り込んだり、レーズンやデーツなどのドライフルーツを混ぜて焼き上げられることも多い。

お茶の時間のお供に、
いただくのが定番。
粗挽きの大麦粉を使って焼いたバノック(bannock)というお菓子がその起源とされ、文献に初めて登場するのは1513年といわれる。19世紀半ばに、ベーキングパウダーやオーブンの普及によって、現在の形になった。

ジャムと
クロテッドクリームで
祥地のスコットランドのみならずイギリス全土で食べられており、また大西洋を渡ってアングロアメリカでもよく食べられている。半分に割ったうえ、好みのジャムとクロテッドクリームをつけて食べるのが一般的。クロテッドクリームは、バターよりも脂肪分が低く、クリーミーなのが特長。

（注：以上文字引自Wikipedia司康饼干词条）

After

ティータイムにあう
イギリス菓子

小麦粉、大麦粉、あるいはオートミールにベーキングパウダーを加え、牛乳でまとめてから軽く捏ね、成形して焼き上げるパンの一種。粉にバターを切り込んだり、レーズンやデーツなどのドライフルーツを混ぜて焼き上げられることも多い。

お茶の時間のお供に、
いただくのが定番。

粗挽きの大麦粉を使って焼いたバノック(bannock)というお菓子がその起源とされ、文献に初めて登場するのは1513年といわれる。19世紀半ばに、ベーキングパウダーやオーブンの普及によって、現在の形になった。

ジャムと
クロテッドクリームで

祥地のスコットランドのみならずイギリス全土で食べられており、また大西洋を渡ってアングロアメリカでもよく食べられている。半分に割ったうえ、好みのジャムとクロテッドクリームをつけて食べるのが一般的。クロテッドクリームは、バターよりも脂肪分が低く、クリーミーなのが特長。

（注：以上文字引自Wikipedia司康饼干词条）

Exercise

Part 4

使用文字练习——练习设置跳跃率

练习❷ 降低跳跃率

降低了跳跃率的版面给人以沉稳的印象，符合年龄层较成熟受众的视觉诉求。下图示例就是以25～40岁年龄层人群为对象的设计。

想要降低跳跃率，通常需要恰到好处地运用留白手法。

●以大面积的留白来凸显对象

下图中的标题和导语都较小，当它们处于大面积的留白之中时，便被凸显出来了。仅是版面的上部就决定了整个版面的氛围。

スコーン
（英：scone）

スコーンは、
イギリスの
パンの一種。

スコーンの起源は？

粗挽きの大麦粉を使って焼いたバノック(bannock)というお菓子がその起源とされ、文献に初めて登場するのは1513年といわれる。19世紀半ばに、ベーキングパウダーやオーブンの普及によって、現在の形になった。

ジャムとクロテッドクリームで

スコーンは、現在では発祥地のスコットランドのみならずイギリス全土で食べられており、また大西洋を渡ってアングロアメリカでもよく食べられている。半分に割ったうえ、好みのジャムとクロテッドクリームをつけて食べるのが一般的。クロテッドクリームは、バターよりも脂肪分が低く、クリーミーなのが特長。

（参考：Wikipedia、スコーンの項目より引用）

●尽量避免使用彩色

在跳跃率较低，且大面积留白的排版中，为了防止页面过度抢眼，应尽量避免使用彩色。

练习❸ 提高跳跃率

提高跳跃率可以制造充满活力的视觉效果。另外，即使版面上排布了很多元素，颜色庞杂或大面积使用醒目的色彩，只要跳跃率够高，就不会纷乱无序。

下图示例是以10～20岁的年轻人为受众的设计。

●高跳跃率可以驾驭设计夸张、色彩艳丽的版面

即使版面色彩鲜艳，设计夸张，只要提高跳跃率就可以防止版面过于纷乱、拥挤。

●特大号字体必须减小字重

虽然前文都在强调提高跳跃率，但有些情况使用特大号字体时，文字反而必须减小字重。

スコーンは、
イギリスの
パンの一種。

ティータイムにあう
イギリス菓子

小麦粉、大麦粉、あるいはオートミールにベーキングパウダーを加え、牛乳でまとめてから軽く捏ね、成形して焼き上げるパンの一種。粉にバターを切り込んだり、レーズンやデーツなどのドライフルーツを混ぜて焼き上げられることも多い。

スコーンの起源は?

粗挽きの大麦粉を使って焼いたバノック(bannock)というお菓子がその起源とされ、文献に初めて登場するのは1513年といわれる。19世紀半ばに、ベーキングパウダーやオーブンの普及によって、現在の形になった。

ジャムと
クロテッドクリームで

スコーンは、現在では発祥地のスコットランドのみならずイギリス全土で食べられており、また大西洋を渡ってアングロアメリカでもよく食べられている。半分に割ったうえ、好みのジャムとクロテッドクリームをつけて食べるのが一般的。クロテッドクリームは、バターよりも脂肪分が低く、クリーミーなのが特長。

(参考：Wikipedia、スコーンの項目より引用)

制图：大里浩二　撰文：大里浩二

练习分组

将信息分组，即可粗略掌握大量信息，有助于顺畅理解并记忆内容。平面设计中需要处理多个版块信息时，信息分组是一个必不可少的视觉传达手法。

以文本为主的分组方式

●拉近

魚の扱い。

魚は鮮度を損なわないことが一番たいせつ
手際よくさばくためには、経験が必要ですか

野菜を知る。

野菜を知るためにはまずは、常備野菜として

将分在同一组的内容拉近距离，同时与其他组拉开距离。如上图所示，标题下面附带导语，拉近它们的距离，可以使其关联性更加明确。

●设置图标以归纳内容

アイナメ（鮎魚女）
サワラ（鰆）
タイ（鯛）

アユ（鮎）
ヒウオ（氷魚）
イサキ（伊佐木）

サンマ（秋刀魚）
メイタガレイ（眼板鰈）
カワハギ（皮剥）

各组内容前部设置不同图标，明确组别，读者即可根据图标判断内容分组。

●以相同的要素和规则重复排列

在排列要素时，以一定的规律重复要素的位置和大小，可以让版面井然有序。营造秩序感的意义之一就是分组。如上图所示，即便种类、内容要素有所差异，只要进行有序排布，分组依然可以成立。

●对齐

对齐要素的起始和终止的位置，或以一定规则将对齐的位置错开排列，也可以营造分组效果。如上图所示，照片的大小和形状各异，将其与附加文本的下方对齐，就可以实现分组。

练习❶ 通过拉近和设置图标进行分组

下面我们以食谱为例，通过练习来验证分组的方法。食谱的内容包括材料和做法，这些都需要进行分组。我们将通过拉近同一分组的内容，或使用图标、边框线等，来练习如何分组。

食谱的内容大体可分为“材料”和“做法”两类，然后再对材料的种类、烹调的步骤等进一步细致分组。这种将复杂的结构简明地展示给读者的套叠式分组，才是食谱正确的排版方式。

在『材料』和『做法』两个大类别中还有若干分支。拉近同一分组的内容或以图标来分组，可以使整个食谱清晰明了。

●层次感很重要

当拉近同一组的内容来分组时，如果标题和其子项目的跳跃率较低，会导致分组界限模糊。在跳跃率较低的情况下，可使用拉近距离和分割内容的方法将版面分出层次感。

NG

材料(2人分)

肉・魚
ムキエビ　50g
鶏もも肉　80g

野菜
エシャロット　2個(50g)
にんじん　20g
にんにく　1欠片

米
タイ米　300g

●使用图标

在右图的示例中，烹调步骤不单单用数字进行标记，还将数字嵌在了塔形剪影之中，可将读者视线吸引到图形上，令读者意识到图形右边的内容属于同一类。

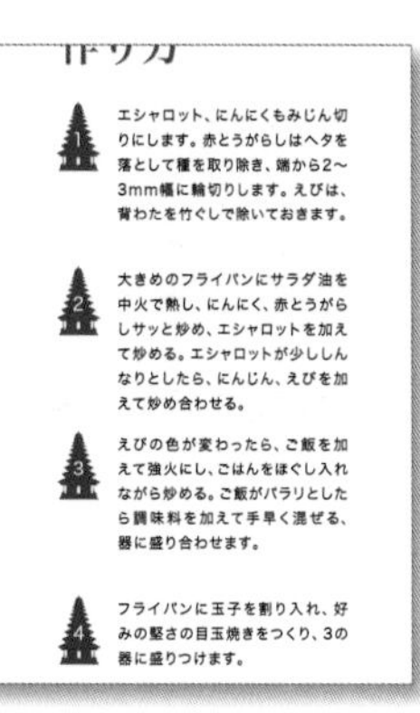

●使用边框线

边框线可以准确地分隔不同的组别，但有时也会显得很碍眼。因此，使用边框线来分隔不同组时应注意适度控制，避免喧宾夺主。

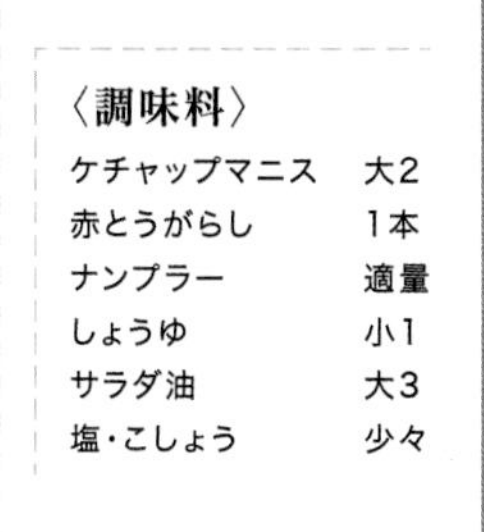

●铺底色或底图

在右图的示例中，食谱配菜的文字下方铺着一张风景图，将该部分和其他部分区别开来，从而强调该部分是有点特殊的一个分组。

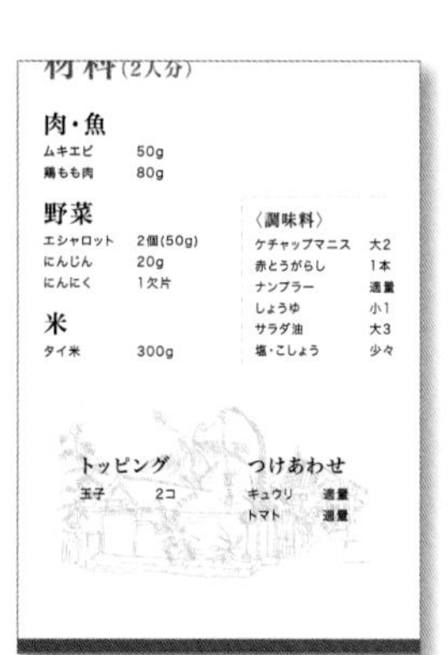

练习❷ 以相同的要素和规则重复排列

食谱的重点往往是烹调步骤。接下来我们以食谱为例，学习如何将要素按一定规律进行重复排列，进而实现分组，给版面带来节奏感。

我们按照分类、创建规律、重复排列的顺序，来验证这个方法。

以烹调步骤为表现重点时，让读者按照正确的顺序阅读是很重要的，并且应以节奏感很好的重复对要素进行排列，以便读者迅速理解。

●（1）按照层级或关联性整理要素

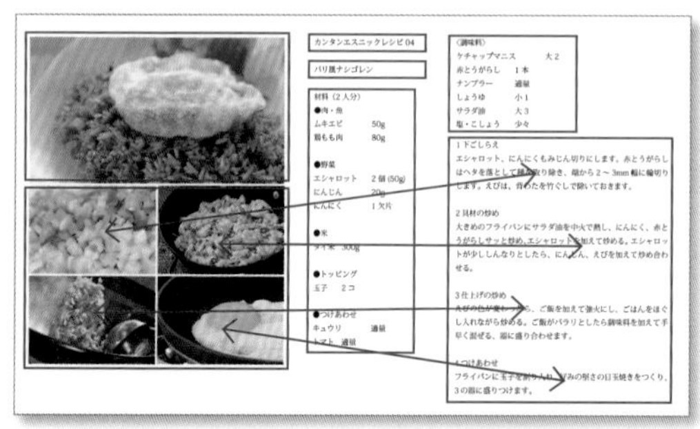

将信息进行大致的分类，在理解了照片与对应文本之间的关联以及内容的层级关系的基础上，再对其进行组合。

●（2）创建子分组

在创建子分组之前，应找出一种简单明了的排列方式，以应对信息量不均的情况。上图示例拉近了照片和标题的间距，以此来应对文本量的变化。

●（3）重复排列

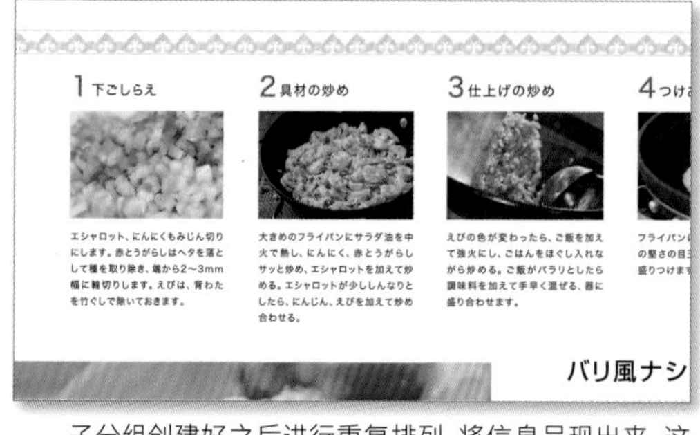

子分组创建好之后进行重复排列，将信息呈现出来。这样既可以使读者对烹调步骤一目了然，又能使读者清楚知晓它们各自是独立的小群组。

●（4）重复的规则

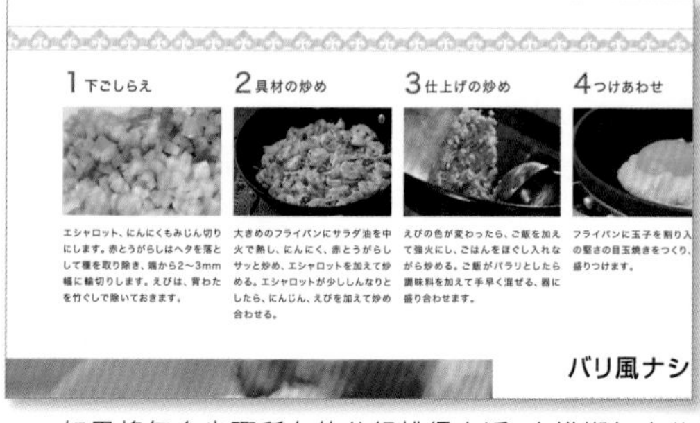

如果将每个步骤所在的分组排得太近，会模糊每个分组的独立性。组别距离应远近适中。

练习❸ 各种重复的统一方式与视线移动之间的关系

重复排列分组的方式各种各样。无论使用哪一种，都要以理解重复的意义、保证视线的顺畅有序移动为前提。比如，内容布局随机或无序时，若要保证视线的顺畅移动，则需要采取一些手段。

将四个分组几乎等间距地排列于上下左右。这种排列原本有碍于视线的移动，但是借助图标和数字就可以达到理想的效果。

●错位排列

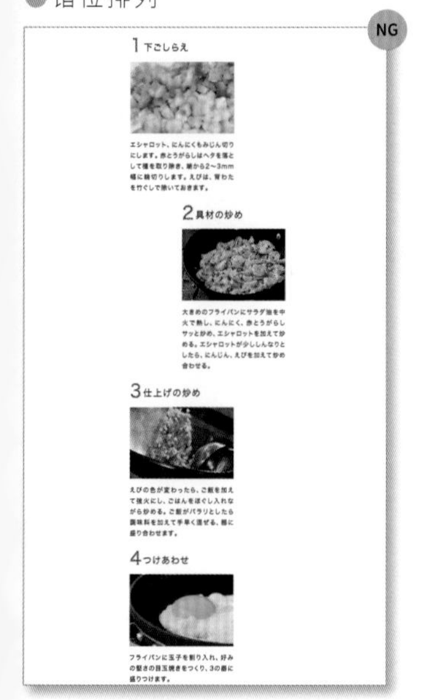

通常错开排列的位置，很可能干扰读者的视线。因此除了特殊情况，应避免使用这种排列方式。

●使用边框线或箭头

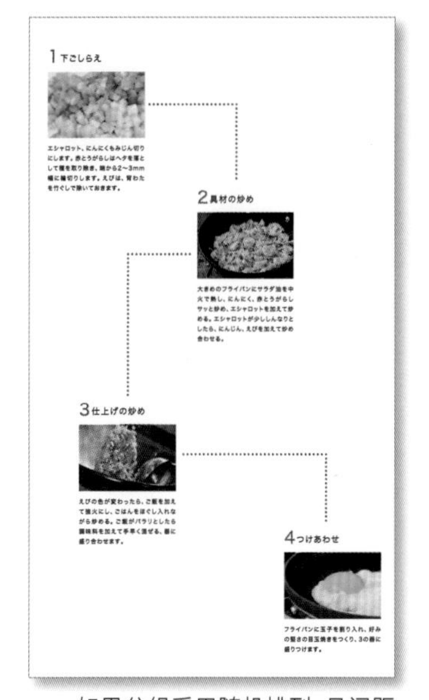

如果分组采用随机排列，且间距较大，就需要借助其他手段来确保分组间的关联或引导视线的移动。使用箭头或边框线来连接不同分组是比较常用的方法。

●使用大字号数字突出步骤

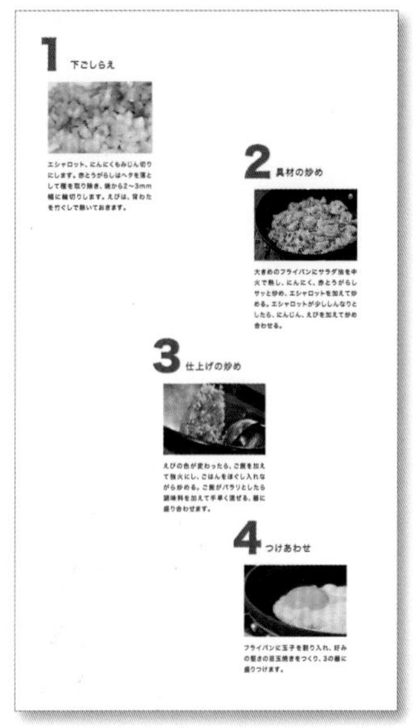

在随机排列中，将标注步骤的数字放大，用来充当图标，也可以起到自然引导视线的作用。

与文字有关的参考书

学习文字排列及字体的相关知识，有助于提高设计水准。下面将介绍一些与字体相关的书籍。

“+DESIGNING”

Mynavi出版

这是一本专业的设计杂志，经常发行与文字排列和字体相关的特刊。杂志还刊登许多平时难得一见的出版作品的著名设计师的采访及连载，可以从中学习设计的思路。另外，还有一些介绍如何使用软件的实践文章。

『欧文書体-その背景と使い方』&『欧文書体2-定番書体と演出法』(《西文字体——背景及使用方法》和《西文字体2——必备字体及表现方法》)

美术出版社 2005/2008年
小林章 著

对于希望了解西文字体的使用方法、起源以及实际操作的人士，这是一本最适合的书籍。作者在Linotype从事字体设计工作。读者可以通过浅显易懂的解说，轻松学习枯燥的西文排版。

“Typography”

Graphic-sha

这是2012年创刊的专业杂志，是一本享受文字乐趣的设计期刊（不定期发行）。从特辑到专家讲解，囊括大量字体、文字相关信息。每期封面排版都洋溢着时尚的气息。

Exercise 练习篇

Part 5

练习图形和配色

练习篇的最后一章，我们将通过运用高级技巧，对多样的素材进行排版练习。一些素材的尺寸和位置虽然乍看之下是凭感觉决定的，但其实都有着一定规律。我们将对此进行系统性的练习。此外，配色也会对作品的完成度和视觉印象带来很大的影响，本章将会介绍一些实用的配色技巧。

Balance

制图：大里浩二　撰文：大里浩二

练习处理平衡感与节奏感

经过整理的排版，传达信息的效果会得到提高。而单一的处理会让人心生厌倦，难以提起兴趣。因此平衡版面是设计师必须掌握的技巧。在这一节中，我们先从常用的方法入手（如使用三角形、对称等），然后展开学习。

制造阅读体验较好的平衡感

●上下或左右错开

过于整齐的排版会给人一种沉闷平坦的感觉。此时，可以保持一定的距离或空间，上下或左右错开。这样既不会显得死板，也不会显得杂乱。

●有重心

人类的眼睛即使看平面的东西也能看出立体感。如果信息偏向于上方，会让人觉得不稳定；如果信息偏向于下方，则让人觉得内容很有分量。而且，这种排版能引导读者视线由下至上，制造出纵深感。

●看似零散的版面，蕴藏着制作意图

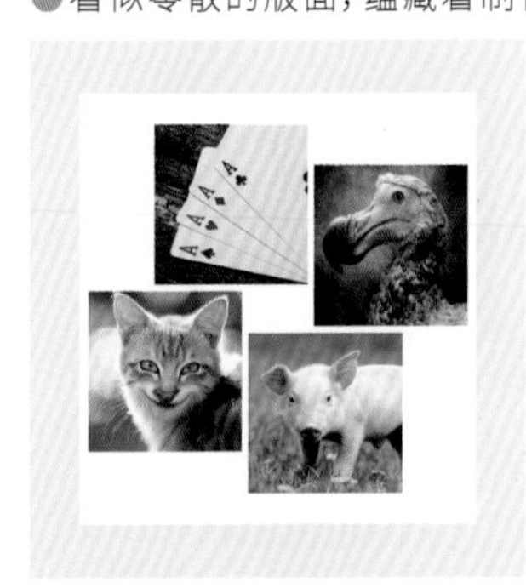

虽说“重复”是排版的基本原则，但这种看似零散，实则遵循着一定规律的排版能够制作出有趣且美观的版面。

●善用对称

使用点对称和线对称来排版，能制作出有序而多变的版面，不会令人感到乏味。尤其是将圆形照片放在对角线上的处理方式，既能引导视线，又可以使排版显得灵活。

●使用网格营造舒适的阅读体验

使用网格系统能使版面显得整齐美观。此外，我们还可以通过放空网格来留出空白空间，以此来营造舒适的阅读体验。

●三角形分布

日本花道中有一种叫作“天地人”的基本构图方法，即将花做出不等边三角形的造型。使用这种三角形的构图，能够营造出自然而富有变化的氛围。

练习❶ 错开或留白

排版很讲究整齐美观，但过于整齐又会显得淡然无味。适当将内容错开或留白，可以让版面变得生动有趣，更加吸引人的眼球。

接下来就验证一下节奏感和留白处理所带来的效果吧！

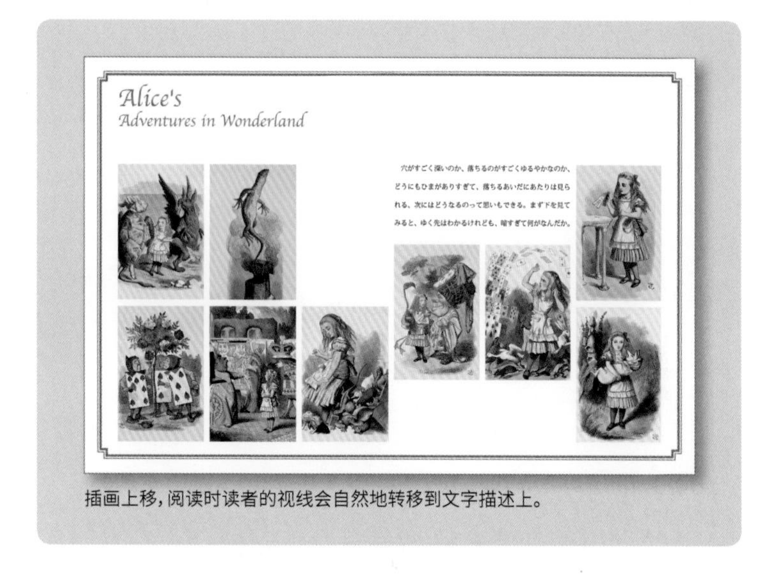

插画上移，阅读时读者的视线会自然地转移到文字描述上。

●制造节奏感

之字形排版是一种很方便的排版方式，等距错开插图不仅使版面显得有序，而且能营造出节奏感。如此排版，很自然地留出空白空间，可使版面显得清爽整洁。

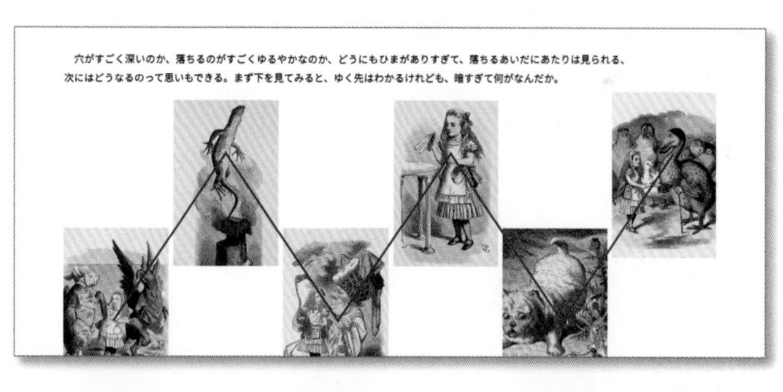

之字形排版由于排列有序，能产生一种很舒适的节奏感。

●制造空白空间

如果版面排得太满，会令读者感到局促。在这种情况下，可以放空几个网格，以留出空白空间。

放空几个网格，版面就会少一些局促感。

●制造紧张感

非等边三角形的版式如果不能熟练掌握的话，就很难保证版面的平衡感。但如果能恰到好处地运用它，则能营造出一定的紧张感，使版面显得更有内涵。

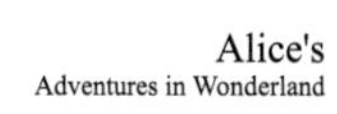

平衡感绝佳的三角形分布能营造出一定的紧张感，显得更有内涵。

练习❷ 点对称与线对称的平衡

对称分布分成线对称和点对称两种，其产生的效果大不相同。线对称给人一种井然有序的印象，而点对称则显得更有生气。

●点对称

以点对称分布的形式，让较大的方形插图紧贴着页角，可以使读者的视线沿着对角线移动，并在移动过程中看到其他的细节内容。在这一过程中产生的抑扬感，会使版面显得更有活力。这种排版方式也称为“对角线对称排版”。

上图示例中，分布在对角线上的大图能给读者留下较深印象。其他各种要素的搭配使用使版面充满活力，显得生动有趣。

●水平对称

左右对称的排版能给人非常稳定的感觉。它既能让人感到安心，又能准确地引导读者的视线，避免看错看漏，但版面整体会略显平淡无趣。

水平对称的排版虽然让人感觉很稳定，但平淡无趣。可以插入动感较强的页面，用于缓冲视线。

●垂直对称

垂直对称和水平对称一样让人感觉很稳定。在中间放置一个醒目的图文可以使版面达到平衡。

纵向排版时，线对称的使用要领就在于要先引导读者将视线集中到版面中央，然后再引导其从上到下进行阅读。

练习❸ 隐藏在随机配置下的平衡感

只要遵循某些规律，看似随机配置的版面也会显得整齐美观，具有良好的平衡感。比如按照一定的比例来决定插图尺寸的大小。

●4：3：2比例中的平衡感

这些插图虽然乍看之下是随机配置的，但它们实则按照4：3：2的比例，分成了大中小三种不同大小的插图。这种排版方式变无序为有序，让版面具有了良好的平衡感。

大图边长是小图边长的两倍，两个中图的边长相当于三个小图的边长。这个比例中隐藏的协调性是版面取得平衡的根本原因。

●黄金比例（1：1.618）中的平衡感

当要按照一定的比例，准备多种尺寸的插图时，还可以利用黄金比例（1：1.618）。

用3～5张按1.618倍的比例逐一放大的插图来排版，能使版面显得张弛有度，具有节奏感。

●白银比例（1：√2）中的平衡感

这是用大小各差√2（1.4142）倍的插图构成的版面。插图的尺寸大小相差不大，构成了该版面的平衡感。

白银比例中的大小平衡虽然层次感较弱，但更有亲和力。

Grid

制图:大里浩二　撰文:大里浩二

应用网格系统

网格系统是包豪斯时期确立的一种手法,用于排版设计。先画出网格线,然后在上面进行设计和排版,如今这已经成为版面设计的标准手法。

网格的结构

栏
指文章段落的宽度。

网格域(方格)
以栏间距与网格间距划分出的方格。

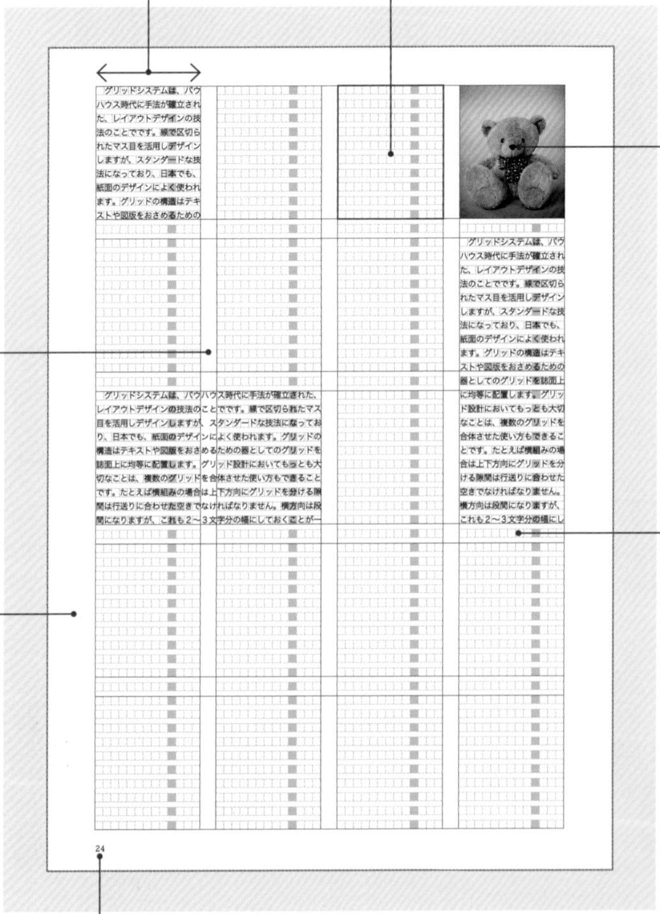

此处填入文本和插图,如有需要可合并多个网格来使用。

栏间距
栏与栏之间的间隔。日语排版时一般会按字符数计算栏间距,这里的栏间距是两个字符的距离。

网格间距
上下网格域的间距,距离一般为一行单元格或两行单元格。

页边距
书页四周的空白处,页边内侧为版心。

24

页码
指页面的编号,一般在版面下方的中央或两边。

练习❶ 基于网格系统的字体尺寸和行长

网格系统的单元格和字体大小有密切的联系。单元格的大小会直接影响字体大小，进而影响阅读体验。所以排版的时候必须要充分考虑到这一点。以下就是用最小的单元格排版的显示效果。

●行长和阅读体验

人在看书的时候，眼睛和书一般距离35cm，而每一行的字数也要适中（参照73页）。以网格系统一般的横排文本为例，像右图这种12Q大小的文字，如果行长达到三四栏，每一行的字数就会变得太多，影响阅读体验。

おもちゃは子どもの成長にかかせないものです。発育や発達に刺激を与える重要な道具。それがおもちゃです。子どもの成長にあ
わせおもちゃを使い分けましょう。乳児にはつかみやすいボール状や棒やリング状のものがよいでしょう。幼児期には積み木など
形と立体を学とれるもの。乗り物を模したものや動くものもこのころからあたえていいでしょう。発達段階ではキックボードなど

おもちゃは子どもの成長にかかせないものです。発育や発達に刺激を与える重要な道具。それが
おもちゃです。子どもの成長にあわせおもちゃを使い分けましょう。乳児にはつかみやすいボー
ル状や棒やリング状のものがよいでしょう。幼児期には積み木など形と立体を学とれるもの。乗

おもちゃは子どもの成長にかかせないものです。発育や発達に
刺激を与える重要な道具。それがおもちゃです。子どもの成長
にあわせおもちゃを使い分けましょう。乳児にはつかみやすい

おもちゃは子どもの成長にか
かせないものです。発育や発
達に刺激を与える重要な道

●字体尺寸的变化

将12Q的字体调到8Q，并放在同一网格内进行对比。行长虽只有两栏，但8Q字体的说明文字也明显过长了。

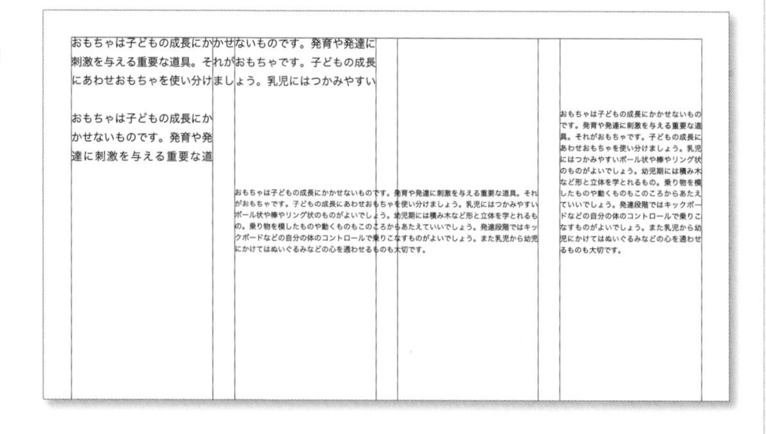

●大标题、导语之间的关系

字体尺寸越大，行长也会越长。如果一个版面中，大标题和导语占用空间稍大，版面会显得比较平衡。

すこやかな成長のためにおもちゃを。

正しいおもちゃの選び方、わかりますか。
どんなおもちゃを買ってあげればいいかわからない時は、
当店のおもちゃコンシェルジュにおまかせください。

　おもちゃは子どもの成長にかかせないものです。発育や発達に刺激を与える重要な道具。それがおもちゃです。子どもの成長にあわせおもちゃを使い分けましょう。
　乳児にはつかみやすいボール状や棒やリング状のものが

もの。乗り物を模したものや動くものも、このころからあたえていいでしょう。運動能力が大きく発達する段階ではキックボードなどの自分の体のコントロールで乗りこなすものがよいでしょう。また乳児から幼児にかけてはぬいぐ

20万点以上のおもちゃをとりそろえています。時はおもちゃコンシェルジュにおまかせください

练习❷ 利用网格系统制作版面

网格系统原本是一个西文排版系统，也可以用日文排版。但二者的文字设计和用法有所不同，因此西文版的网格系统和日文版的网格系统也多少有些区别。

日文文字能容纳在正方形单元格里，基本能在单元格内排列成文。而行又是由正方形单元格排列而成的。日文版的网格系统正是基于这一点来设计的。

使用网格系统不仅能进行高效的排版，还能令整个版面显得井井有条。

●（1）正文排版

西文排版一般是先设置页边距，而日文排版的重点则在于正文的字体尺寸和行距。先决定好基本的正文文字排版。示例选择的正文字体为冬青黑体W3，字体尺寸设为12Q，行距20H。

おもちゃは子どもの成
かかせないものです。発
発達に刺激を与える重要
具。それがおもちゃです
どもの成長にあわせおも
を使い分けましょう。乳
はつかみやすいボール状
やリング状のものがよい

●（2）设好页边距

文字排版完成后就不能设页边距了。因此建议先大致设定一个页边距，然后据此进行正文文字的初排版。

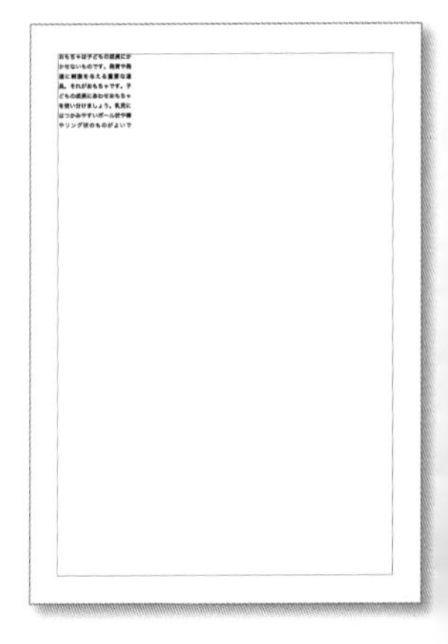

●（3）设好每行字数、栏数和栏间距

将版心分为四栏，网格版式中，文字的字身框紧贴排列时，栏间距为两个字。示例里一栏行长13个字，栏间距为两个字的宽度（24H=6mm）。

现在可以看到页边的红线并没有贴紧正文，这个稍后再调整。

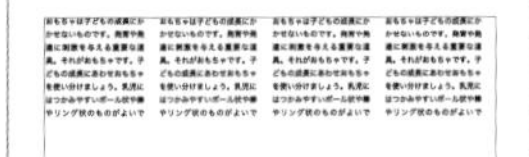

●（4）设好垂直方向网格的间距

设好垂直网格的间距。网格间距和栏间距一样，根据需要设成一行或两行的距离。示例里设为一行，每10行单元格就隔开一行，将一栏划出了5个网格。整个版心共54行。

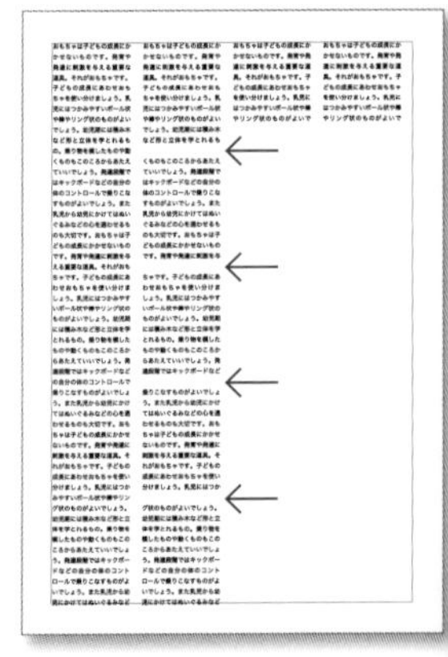

● (5) 设好版心后调整页边距

到这一步就已经基本定好文字排版了，现在来计算一下版心的尺寸。每行58个字，一共174mm，54行一共268mm。

按A4纸（210mm×297mm）来算，决定好版心在A4纸上摆放的位置后，就可以调整页边距了。

● (6) 画好网格

像这样，一个4×5的网格版式就完成了，接下来根据网格的线来排版。

● (7) 设定大标题、导语和说明文字

除正文外，其他文字不受网格的限制。根据正文和自己理想的版面效果去设定字体即可。这里把大标题和导语的行距调大了一点。

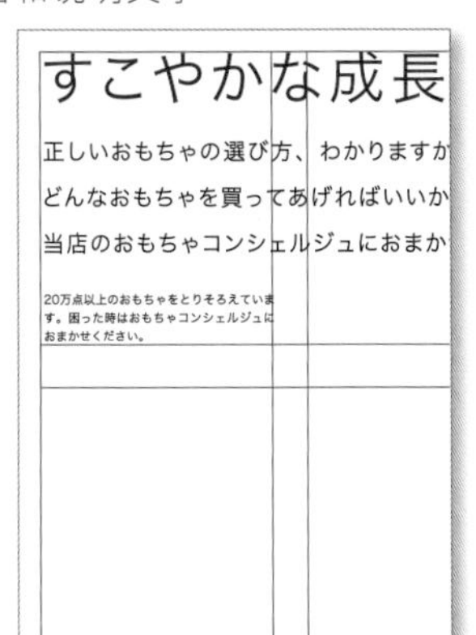

● (8) 决定文字的位置

放置文本内容。因为说明文字和插图要匹配，所以应先定好大标题和导语的位置。如右图所示，正文占了两个网格，大标题和导语占了四个网格，靠左对齐放在版心的中央。

● (9) 决定插图的位置

放置插图和说明文字。上方的大照片占用八个网格，右下方的商店照片占用了两个网格。如图，因为说明文字需要和对应的插图放在一起，所以说明文字不受网格限制，放在了对应的插图旁边。

● 其他排版

素材不一定全都要放在网格之内，下图中这次用到的大图就超出了页面的出血线。

制图：大里浩二　撰文：大里浩二

配色的基础

印刷品一般有单色印刷、双色印刷和四色印刷，但大部分都会用四色印刷进行彩印。将这四色按百分比自由组合而成的颜色就是印刷色，接下来我们将学习印刷色的应用基础。

什么是印刷色？

●加法混色和减法混色带来的色彩表现

色彩的表现方法有两种，分别是色光三原色（RGB）和色彩三原色（CMY）。

太阳光和电脑显示器发出的光，都是RGB加法混色带来的色彩表现。网页设计配色使用的是RGB。

而印刷品的色彩表现则来自色彩三原色（CMY）的减法混色。套色印刷除了色彩三原色的墨水之外，还需要用到黑（K）墨水，理论上即使没有黑墨水也能用CMY混合成黑色，但为了让文字印刷更为清晰，同时为了节约墨水，所以追加了黑墨水。

●加法混色

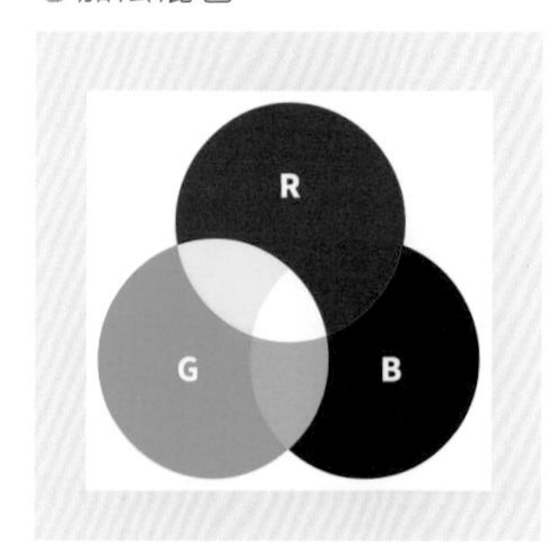

无色透明的太阳光可以分解成三种颜色，也就是“色光三原色（RGB）”。RGB用不同的量混合，所获得的颜色也会不同，这就叫作加法混色。

●减法混色

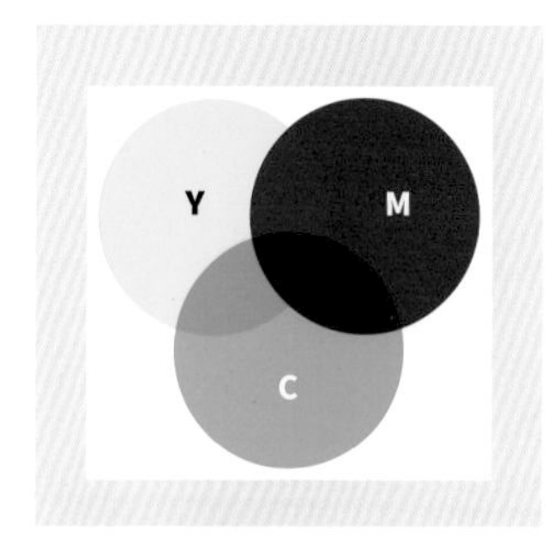

印刷墨水和绘画颜料一样，都是用减法混色原理来改变颜色的，由CMY三种颜色构成，也叫“色彩三原色”。

●物质颜色原理

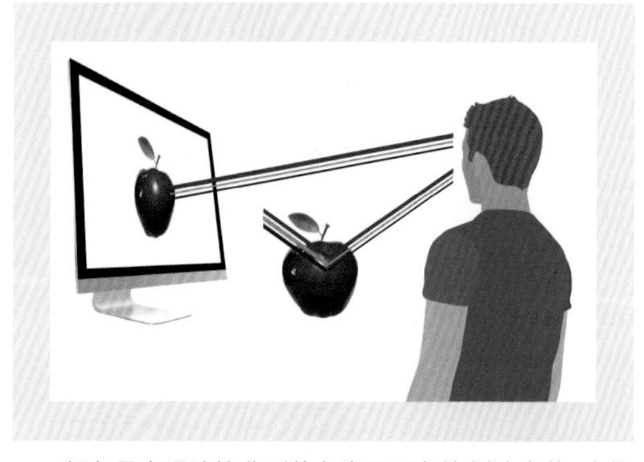

颜色是由眼睛接收到的色光三原色比例决定的。电视机和计算机的显示器等发光体，会直接发出色光传到眼睛里；不会发光的物体则将反射光传送到眼睛里，让人类判断颜色。例如，红色苹果会吸取红色以外的光，而把红光反射到眼睛里。

●印刷色原理

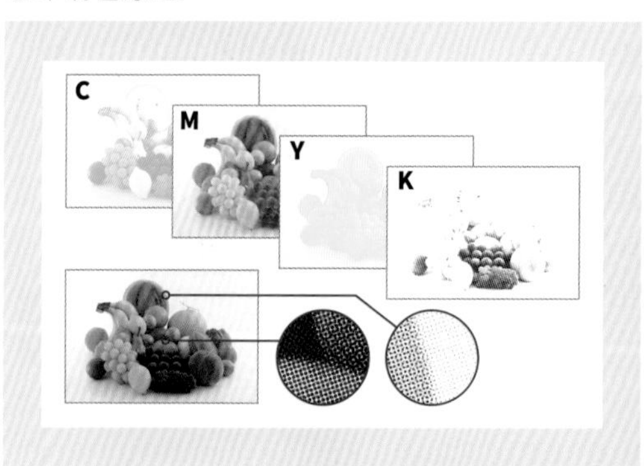

印刷品是利用光的反射来实现色彩表现的。将CMYK四种颜色的墨水重叠印刷，就能表现出各种各样的颜色。在印刷品中，白色一般都直接用纸张的颜色来表现。而一些比墨水颜色还要浅的颜色，就需要印刷成网点并结合白纸表现出来。

●色相、饱和度与明度

色相、饱和度、明度是色彩的三要素，人眼所看到的所有彩色光，都是这三要素的综合效果。色相是各类色彩的称谓，例如红色和蓝色等，用于区分不同的色彩。饱和度就是颜色的鲜艳程度，饱和度越高颜色越艳，饱和度越低颜色越浊。其中，饱和度最低的一级又称为无彩色。从白到黑，处于灰度区间的颜色都是无彩色。明度是指颜色的亮度。用颜料来说，如果混入白色明度就会变高，混入黑色则明度会变低。

如果用一个立体图来表示色彩三要素的话，色相就相当于一个平面的圆。圆的半径就是饱和度，越靠近圆心饱和度就越低。立体图的中轴就是无彩色。高代表明度，越往上明度越高，越往下明度越低。

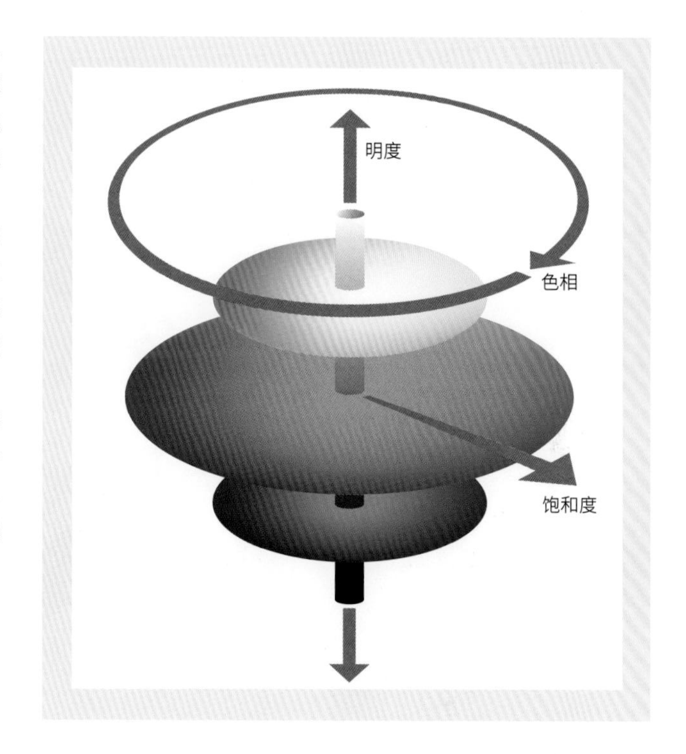

●颜色的合成

平面设计师和网页设计师一般使用Illustrator或Photoshop等软件合成颜色时，都会用CMYK或RGB颜色模式调配颜色。设定颜色时，Illustrator主要用调色板，Photoshop主要用拾色器。Illustrator除了CMYK和RGB以外，有时还会用到HSB（HSB色彩模式是基于人眼的一种颜色模式）。而Photoshop甚至还会用到Lab（Lab色彩模式是基于人对颜色的感觉的一种颜色模式）。

HSB能直接输入色相、饱和度和明度的数值，Lab则是一种与设备无关的颜色空间。这两种颜色模块平时在设计中很少会用到。

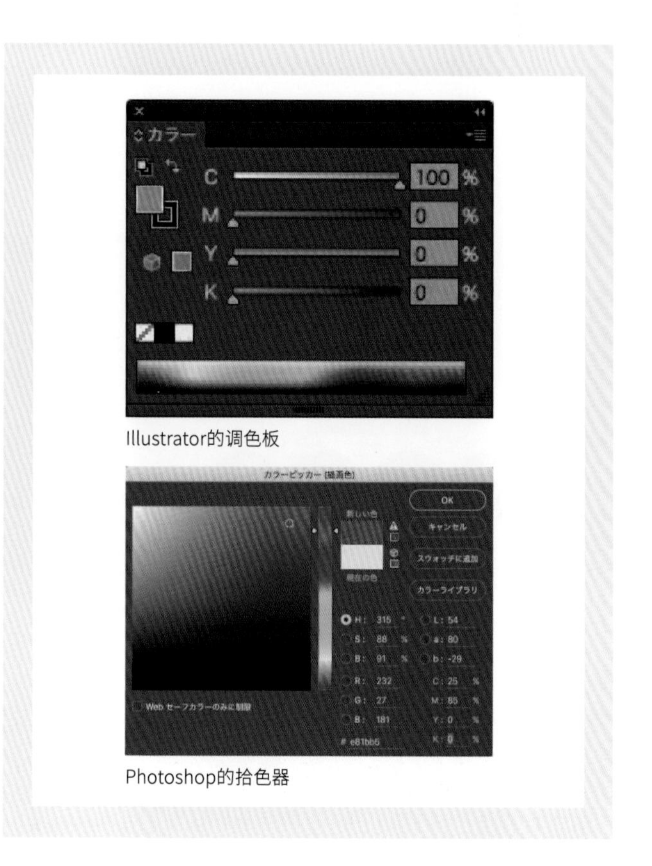

Illustrator的调色板

Photoshop的拾色器

如何决定颜色

●冷色与暖色

红色能给人一种温暖的感觉，而蓝色则给人一种寒冷的感觉。而且这与人种和文化无关，有调查显示，这是人类共通的心理感受。此外，冷色和暖色之间还有一种不冷不暖的中性色。

在色轮上相对的颜色互为补色。

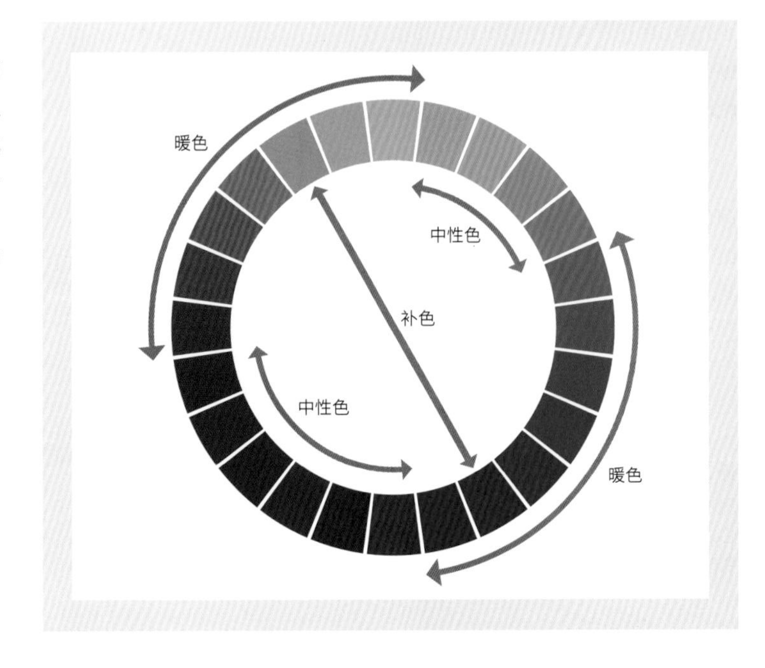

●前进色与后退色

暖色系有突出向前的感觉，所以又被称为前进色。与之相反，冷色系不如暖色系那么突出，有一种往里缩的感觉，因此又被称为后退色。

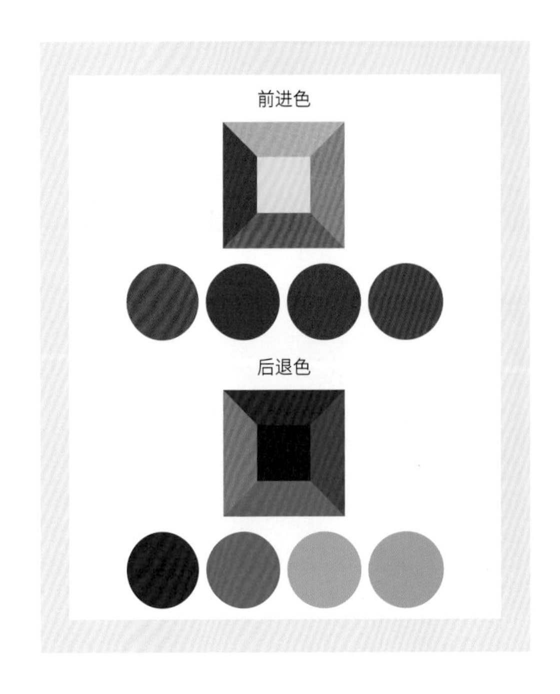

●色调效果

当决定色相之后，能影响颜色变化的要素就剩下明度和饱和度了。把明度和饱和度合在一起就叫色调，色调的变化会给人带来不同的感受。

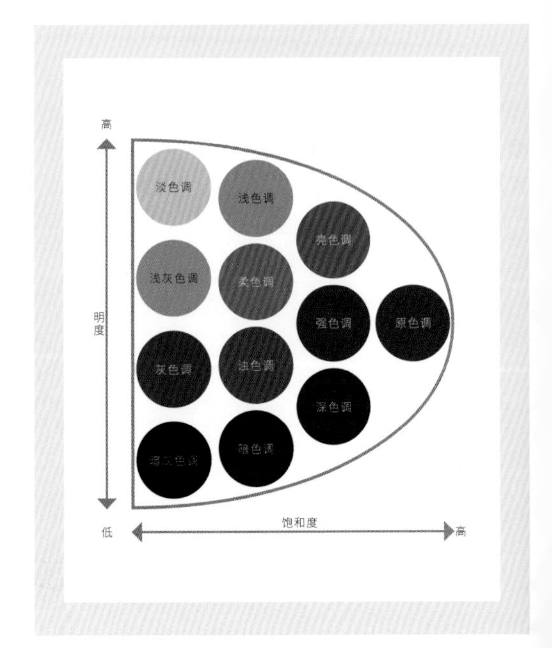

色彩五角色

●什么是五角色

在配色中，不同的颜色担当着不同的角色。色彩可以分成五种功能的角色，分别是主色、配角色、支配色、融合色和强调色，合起来就是“五角色”。五角色是设计的基础配色法，但我们做设计的时候无须一次把五种角色都用上，一般只用其中两三种，如下图所示。

●主色

担当主角的颜色。

●配角色

用来衬托主色的颜色，一般会选用主色的补色。

●强调色

在一小块面积上使用强烈的颜色能起到强调的作用，使画面整体产生轻快的感觉。

●支配色

支配色常用作背景，因此又被称为背景色，决定了画面的整体印象。

●融合色

能够和画面的整体融合在一起的颜色。一般会选用与支配色同一色相，但色调较弱的颜色。

配色的作用

在做设计时给对象配色，可以使内容显得更加有条理，简单明了。而且一些已经成为惯例的颜色，能够让人瞬间理解其含义。

●调整明度对比程度

色彩的明度差能形成对比。明度差较大的地方对比更鲜明，即使色块较小或在远处也能看得很清楚，能起到强调的作用。相反，明度差小的地方就会显得不起眼。

●用颜色区分内容

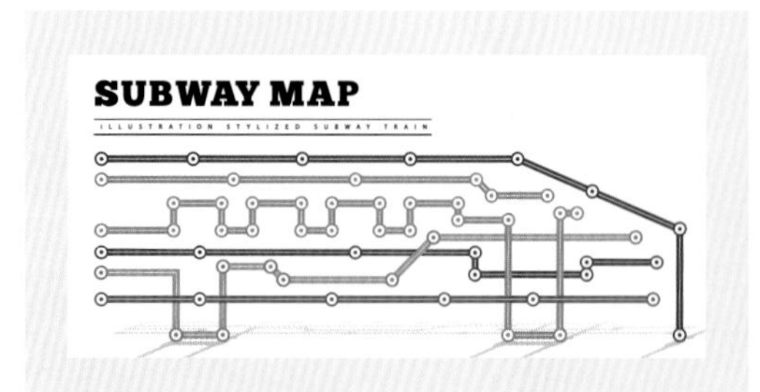

做设计的时候，我们经常会使用颜色对设计内容进行分类。比如，在平面地图和线路图中，也会用颜色区分地区和路线。但要注意，色差一定要明显。

●按照惯例配色

一些成为惯例的颜色会使人产生先入为主的观念。例如红绿灯的三种颜色，还有表示步行街或仪器正常运作时的绿色或蓝色等，如果用反了，就会让人产生混乱。

●利用反差吸引眼球

商店搞特价活动的时候，会把特价信息标注在一块颜色格外显眼的牌子上。因为鲜艳的牌子会和周围环境形成反差，显得非常突出，能够吸引眼球。

●用作底色

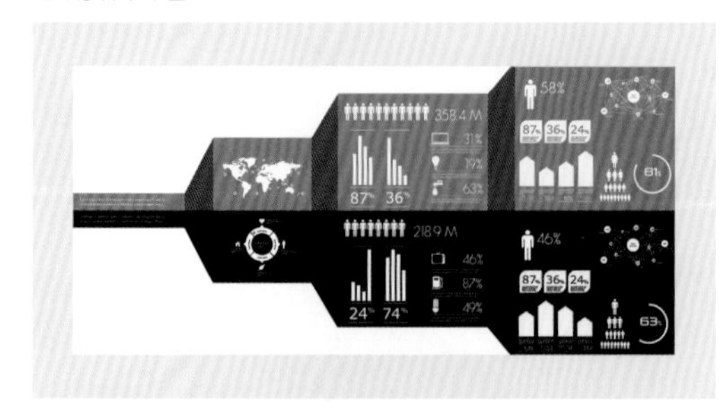

给底面上色是扁平化设计的常用手法。这种手法虽然看起来比较单调，却能有效地将视觉焦点转移到版面信息上。而且给整个底面上色能产生一种视觉冲击，突出整个版面。

●颜色渐变

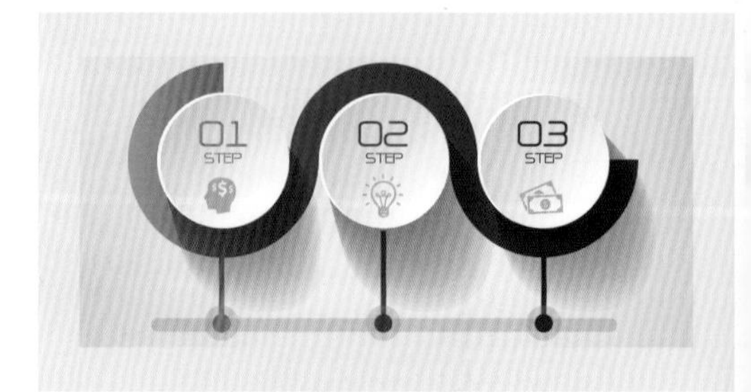

颜色渐变就是有层次地改变颜色。色彩的组合和颜色的渐变方向有很多种方式，所以能组合出非常丰富的视觉效果，尤其在立体感和视觉引导方面。

配色的视觉效果

配色能表现出非常丰富的视觉效果，除了性别、年龄、国籍、传统文化之外，甚至还能表现出轻松、紧张和喜怒哀乐等情感。接下来就简单介绍几种常用的配色表现。

●面向女性的柔和配色

几乎所有明亮的颜色都适合女性，其中暖色系是必不可缺的，而冷色系主要用来弥补画面的不足。

●单色配色能带来安详宁静之感

这种色差较小的配色方案叫单色配色，从远处几乎看不出颜色的区别，带给人一种祥和宁静的感觉，常用作地板的花纹。

●重复配色

只要按照一定的规律去排布，即使是一些比较花俏、互不搭配的颜色也能整合到一起，例如重复配色。

●健康配色

色调偏亮的颜色能让人联想到水果和蔬菜，给人一种健康的感觉。例如有一种叫维生素色的配色手法，就是用柑橘类水果的颜色组合而成的。

●整洁干净的配色

以明亮的冷色系为主的配色，能展现出一种清洁感。用黄色等暖色系作为强调色，能有效维持画面的平衡。

●和风配色（日式配色）

和风配色大多颜色偏于暗淡，但也有些比较绚丽的和风配色。两种配色根据实际需要来使用。

Color

制图：大里浩二　撰文：大里浩二

配色练习

接下来，我们将会使用CMYK四色组合来对当前的设计进行配色练习。在练习中要习惯CMYK的数值输入。另外在练习过程中，还会提到商业印刷中常用的专色和灰度的用法。

调配颜色

●决定色相

使用印刷色调配颜色时，需要按照百分比来混合墨水。一些有代表性的颜色需要把它记下来。

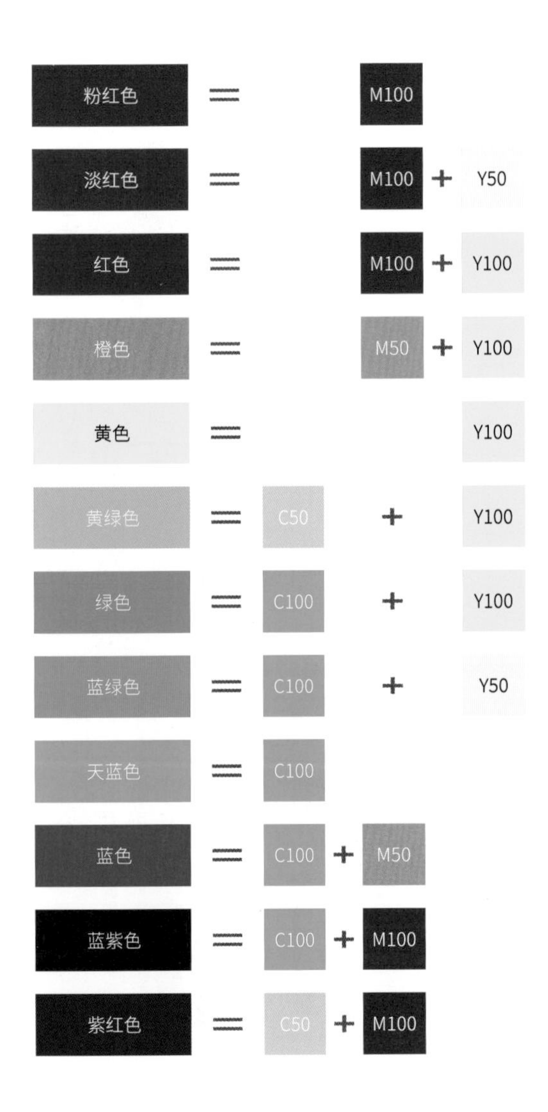

●改变明度

之前提到，颜料可以用黑色、白色的颜料来调节明度。但印刷没有白墨水，所以只能通过降低墨水的百分比，借助纸张的颜色来提高明度。如果想要降低明度就添加黑（K）墨水。

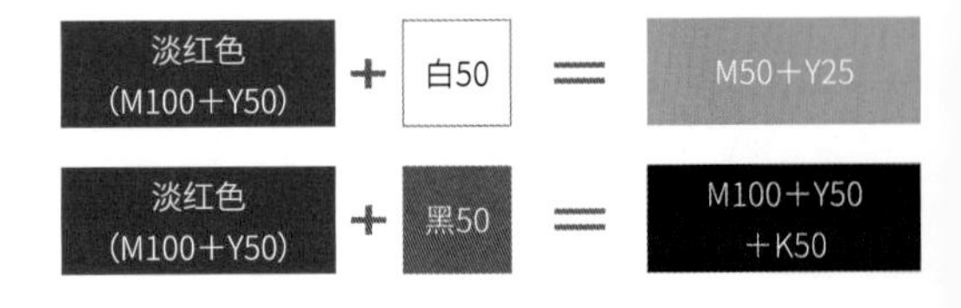

●改变饱和度

CMY中双色混合的时候饱和度是最高的，但如果混合三种以上的颜色，饱和度就一定会下降。例如上面的“改变明度”实际上也会降低饱和度。另外，混合黑墨水只会降低饱和度，并不会改变颜色的色相，但混合补色的墨水会改变色相。

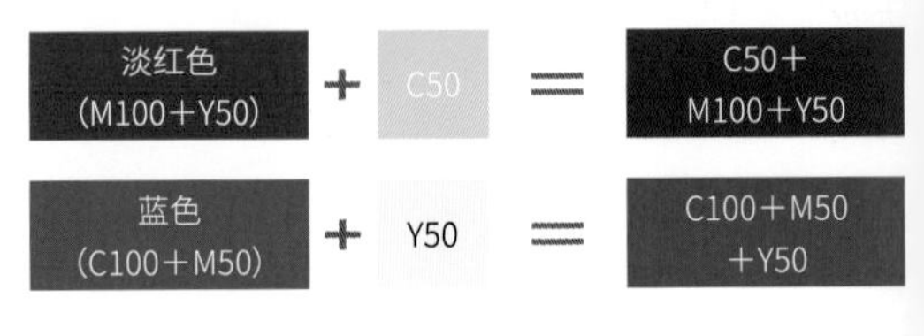

●各种各样的颜色

需要混合三种以上的墨水来调配的颜色（如棕色系的颜色），如果对其不熟悉，则调配难度较大。在此向大家简单介绍其中几种。

棕色 (C30+M70+Y100+K50)	绛紫色 (C50+M100+Y70+K30)	淡绿色 (C50+M15+Y100)
茶绿色 (C65+M55+Y85+K15)	红色 (M100+Y65+K20)	绿灰色 (C65+M50+Y55+K10)

练习 ❶

尝试多种配色方案

配色方案有很多种。接下来，我们将用这张有多个颜色层次的图来进行实践，练习如何使用几种基础的配色方案。只要掌握了方法，即使面对再复杂的图，也能轻松制定出配色方案。

●同色系配色

首先决定一个色相来当主题，然后改变该色相的明度与饱和度来进行配色。因为版面上用到的颜色都属于同一色相，所以无论怎么配都可以。

同色系配色是比较保守的配色方法，适合初学者。

●对比度强的配色

色相、明度和饱和度的差都能形成非常鲜明的对比。这两幅图就针对背景和图案，加大了色相差和明度差，从而突出了对比。

这种配色法的窍门在于，先选好两种对比较为鲜明的颜色。

●运用五角色配色

左边的图选用了绿色系来当支配色，右边的图则选用了红色系。两幅图都选用了饱和度更高的颜色作为主色，然后用补色中明度较高的颜色来当配角色。背景中若隐若现的心形使用了融合色。其他的心形则选用了与主色色差较大的颜色，以作强调色。

用鲜艳的颜色来做强调色，能使画面更有活力。

练习❷ 根据印象配色

配色能带来各种视觉效果，而给饮料或食品的包装配色时，所使用的配色要能让人联想到商品的材料和味道。如果包装给人的观感脱离了食用该商品前人们对它的印象，就会让人怀疑该商品并不美味。包装的配色一定要和商品浑然一体，以下就是一些比较好的例子。

●新鲜甘甜的配色

该包装以饱和度较高的草莓的颜色为主要颜色，其标志则使用了被白色淡化后的草莓色，强调出了牛奶和草莓的新鲜与甘甜。由于只使用暖色会让人感到甜腻，因此根据草莓叶子的颜色，在包装顶部加了一层绿色。

●能让人感受到苦味的深沉配色

巧克力的相关商品包装若大量使用白色，就会给人以廉价的感觉。该包装的配色选用了棕色和黑色，使整体显得深沉，展现出了巧克力的苦味和高级感。其强调色采用了鲜艳的藏青色，避免了用色过于单调而使人印象不深的问题。

●苦涩而不失优雅的配色

浊绿色代表了苦涩的抹茶，白色则代表了牛奶，该包装利用这两种颜色营造出了商品的整体印象。此外，它还用少量棕色和金棕色增加了深邃的感觉。

掌握如何使用专色

印刷其实并不一定都使用四色印刷，除了四色印刷以外，还有单色印刷和双色印刷。印制邮票或零食包装时，有时还会用到专色印刷。和叠印相比，使用专色印刷印出来的色块更加均匀整齐，能得到更好的印刷效果。此外，使用荧光色、金银色等专色印刷，能够制作出看上去更高级、更引人注目的印刷品。

可以通过各油墨制造商出售的色卡来选择专色，然后再将选定的专色色卡交给印刷厂。

●在Illustrator软件中如何使用专色

① 在色板面板左下方的色标簿中选择色号，或打开色板面板左下角的色板库菜单进行选择。

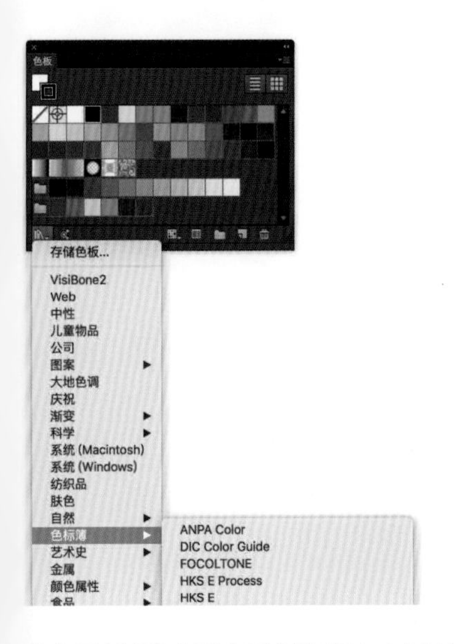

② 根据色卡选择需要的颜色。如果已经决定了要使用哪种专色，可以将该专色的编号输入搜索栏中，按回车键确认选择。

③ 使用过的颜色会被添加到色板面板中。专色拥有自己的专色通道，不会和其他颜色混在一起。

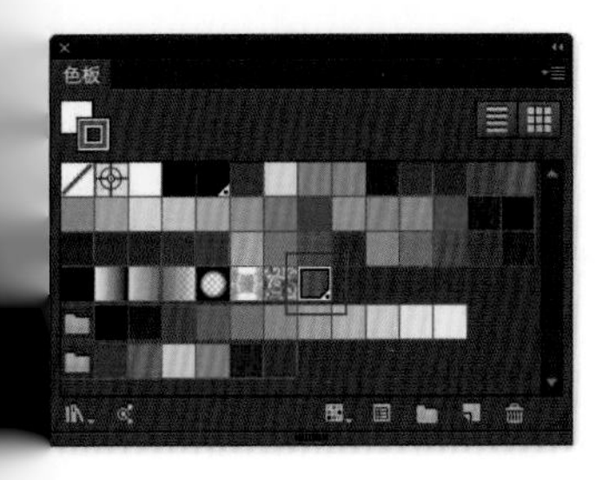

④ 可以在颜色面板中调整色彩的浓度。

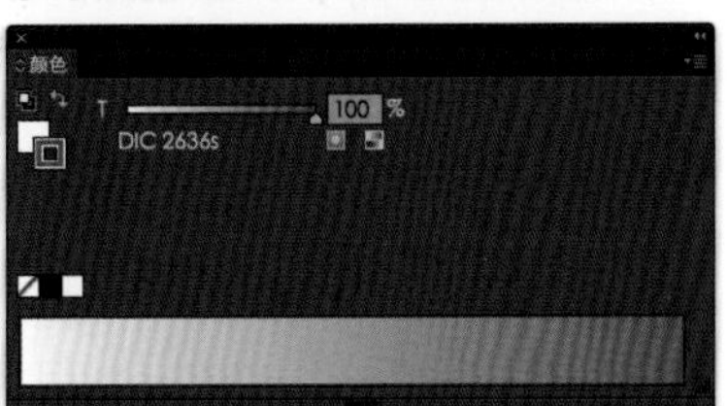

练习❸ 组合两种鲜明的颜色

和四色叠印相比，专色印刷出来的颜色十分鲜明，能很好地体现出版面的特色。在本小节中，我们将通过改变同一设计的颜色，来看看该设计会发生什么变化。专色和四色一样，可以通过改变比例来改变浓度或相互混合。此外，如果能巧妙地在有颜色的底图上使用白色，可以给人留下更加深刻的印象。

●用不同明度的颜色营造安心感

黄色明度高，又很显眼，所以设计师在做设计的时候经常会用到它。此图中选用了蓝色来与黄色搭配，让人看了感觉十分安心。

40%　15%

●用同一色系的颜色塑造清爽感

色差较小的同色系颜色组合起来浑然一体，而且很容易表现出颜色自身给人的印象。图中的蓝色系颜色就表达出了清爽的感觉。

40%

●用补色对比带来视觉上的冲击

补色组合能带来很强的视觉冲击，尤其是红色和绿色的组合。补色的色差越大，混合在一起后的颜色就会越接近黑色。

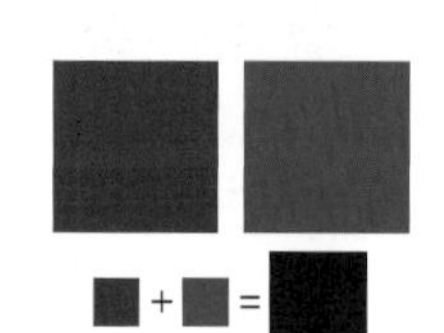

灰度图

要进行单色（黑白）印刷时，会先将照片转换为灰度图。在Photoshop中点击"图像"→"模式"→"灰度"，就能实现转换。但这样做有时会降低照片的质量，因为色调相近的颜色在转换为灰度图后会混在一起，几乎无法区分。有几种方法可以避免这种情况。

毛衣的紫色和背景树木的颜色色调相近，所以一旦转换为灰度图，人物就不够突出了。

●使用调整中的"黑白"

使用调整中的"黑白"能减轻图像灰度带来的颜色融合问题。右图是使用预设中的"绿色滤镜"后达到的效果。

●调整对比度

如果只用"黑白"处理，会使整张图看上去颜色很淡，因此就要用调整里的"曲线"来调整对比度，拉大黑白两色的差异。

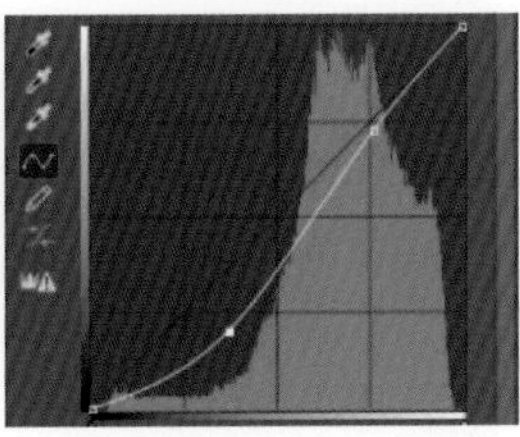

●使用锐化的自动转换后颜色会很淡

最后是锐化。灰度图即使略加大锐化程度也没有关系。这里要选择"USM锐化"。

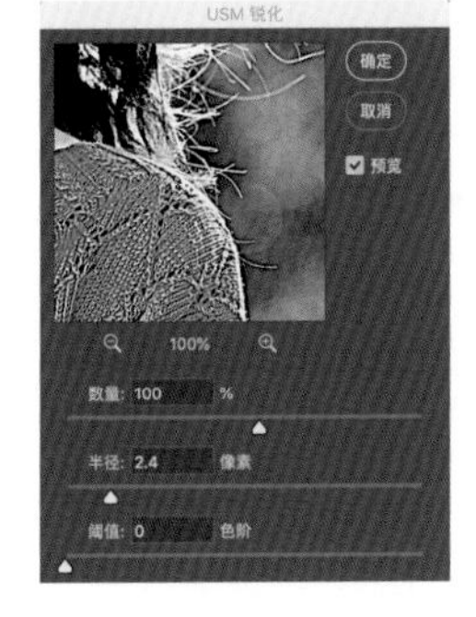

配色参考书

理解颜色构造和配色方法并不简单，但一旦学会终生受用。以下介绍几本比较有用的参考书。

『カラーと配色の基本BOOK』(《色彩和基础配色》)

socym 2016年
大里浩二 著

只要学会配色的方法和技巧，其实谁都可以像专业设计师那样，做出精美绝伦的配色方案。本书首先详细介绍了色彩的基础知识，然后选取了五十多种配色主题，借实例修改失败配色，讲解改善配色的方法。本书内容浅显易懂，适合初学者。

『フランスの配色』(《法式色彩搭配》)

PIE International 2011年
城 一夫 著

配色可以引起人的联想，考虑到这一点，我们在配色的时候可以进行构想，联想绘画、海报或风景。在此基础上进行配色，便可使作品变得更加生动和形象。如书名所示，本书介绍了一些能让人联想到法国的配色，或者说，介绍了一些传统的法式色彩搭配。书中配有大量图片，对重点的一些配色进行了讲解。

『フラットデザインの基本ルール』(《平面设计的基本法则》)

Impress Japan 2013年
佐藤好彦 著

本书主要介绍了网页和手机应用软件的界面设计，对网页设计与配色的关系提出了很多有针对性的见解。书中通过常用的UI设计，对色彩的作用和效果进行了讲解。

Practice

Part 6

将设计付诸实践

在实践篇中，我们将选取五种常见的设计案例，从接单到成稿的过程中，撷选重点部分进行讲解。请想象自己是设计师并已接单，然后思考如何处理、如何提出方案。在此基础上，阅读本章内容。

Pamphlet

示例协助制作：莲尾真沙子 拍摄：丸毛透 协助：karunakarala

实践：宣传册

在本节中，我们以SPA会所的宣传册为例，来尝试策划和设计一份宣传册。通过对整个流程的介绍说明，大家也可以了解到，作为一名印刷品的设计者，应掌握哪些基本的数据稿的交稿知识。

确认任务

无论我们要设计什么样的宣传册，一开始都应确认该宣传册所肩负的任务是什么，明确它的设计目的和服务对象。比如说，像宣传册和传单这类为店家或厂家制作的印刷品，其目的基本都是为了宣传产品或服务。当下的目标是设法让商品畅销，而背后则隐藏着产品和企业的理念，以及品牌中所蕴含的世界观。深入了解这些东西能便于我们明确设计方向。

本次实践任务

在东京设有店面的一家SPA会所，在斯里兰卡新开了一家休闲SPA。为了向日本顾客简单明了地介绍新店的服务和环境，商家委托你制作一份宣传册。策划内容和文稿由SPA会所的负责人撰写。你需要将完成好的设计稿送去印刷，最后交付成品。

企业理念

使日本人变得更健康，获得身心上的放松。将阿育吠陀引入健康管理的方法中。

想得到的效果

顾客从日本前往斯里兰卡的休闲SPA会所留宿，或预约治疗之旅。

能使顾客形成什么观念？

阿育吠陀对身体有益，希望继续尝试。

如何派发？

在店面派发，或直接邮寄。

将思维拓展开来，能有效地帮助我们厘清设计方向。设计宣传册时，不仅要考虑到宣传册的派发环境，还要明确派发宣传册的目的和企业理念。

制作流程：协商与确认策划案 → 讨论展现形式 → 决定规格和要素 → 调整照片 → 排版 → 交付印刷

以下是店里大小适中，拿着比较顺手的宣传册的展示图。右图是我们这次要讲的对折式宣传册。左图则是同一店铺里五折页的风琴折式宣传册。

第二页和第四页呈现的视角

第一页和第三页呈现的视角

AD&D.莲尾真沙子　A5大小　对折

宣传册的多种折叠方式

仅用一张纸制作宣传册时，不仅要选好纸张的尺寸，还要选好折叠方式。折叠方式不同，宣传册所能容纳的信息量和给人的感觉也不同。此外，为了避免在拼版上出错，委托人和设计师都要多加注意。

①对折

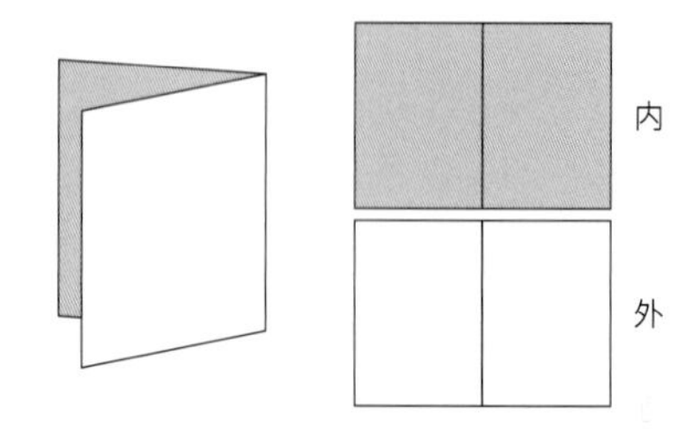

将一张纸对折，分成四面使用。

②内三折

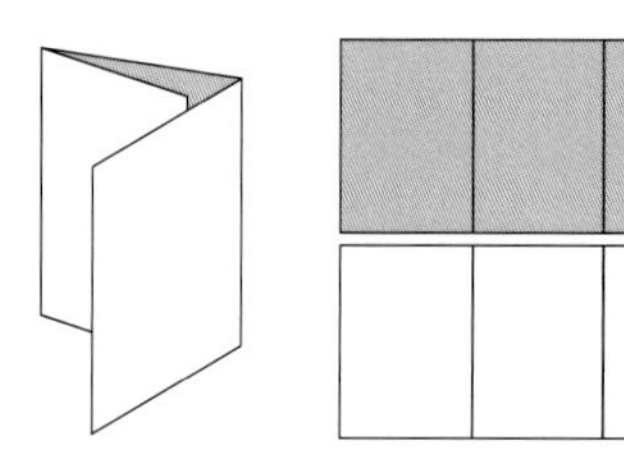

也称为荷包折，折两次将纸等分，共有六面。

③外三折

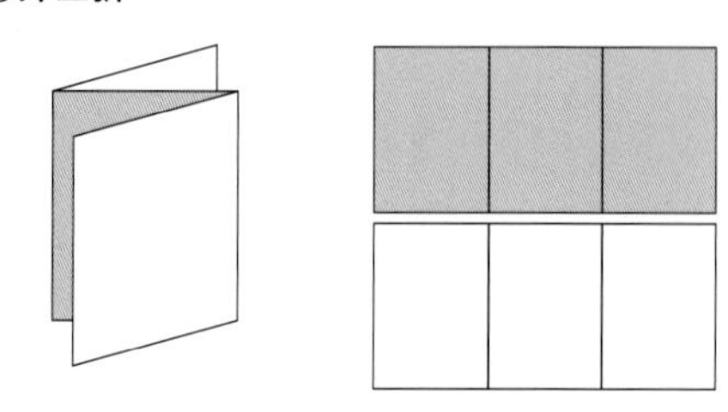

和②一样分成了六面，区别在于外三折是呈Z字形折叠的。

④风琴折

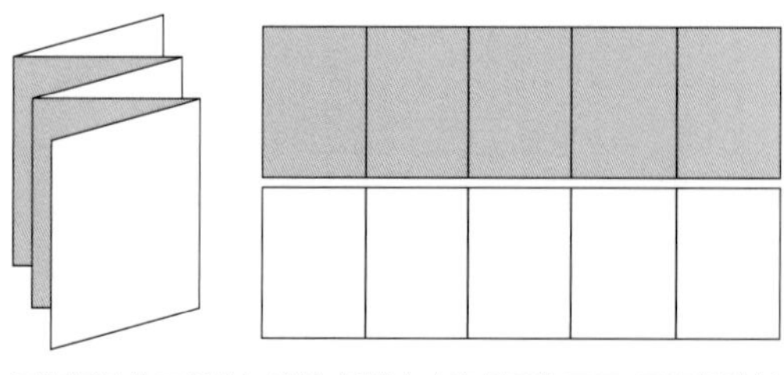

风琴折是外三折的加长版。纸张大小和折叠数不同，风琴折的长度也不一样。

⑤关门折再对折

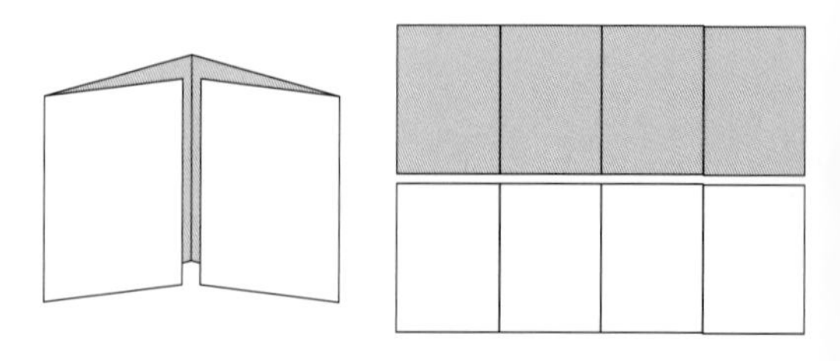

将纸的两边朝内侧对折。这种折叠方式像是将两扇门关起来。

⑥对折+插入页

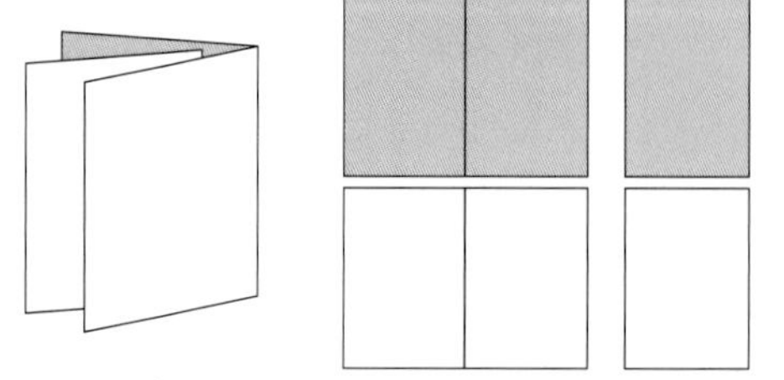

和②、③一样有六面，但其中两面是以插入页的形式附加进去的。插入页和对折页常会使用不同材质的纸张。

⑦十字折

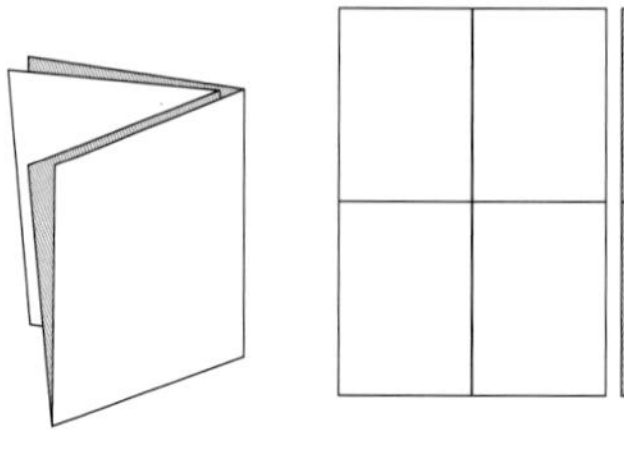

在横向和纵向上各垂直对折一次，内外共分成八页。折痕部分最后会被裁掉，每页都分离开来。

拼版

将各页内容整理排布在一起就叫拼版。拼版的方法有很多种，一般会用EXCEL电子表格来进行拼版。

拼版的主要目的是为了避免印刷顺序错乱，但除此之外还可以用来查看进度和校对，所以在印刷前就要拼好版。如果出了差错会导致印错顺序，所以一定要小心。

如果只有四页，只要注意区分好内外侧即可，但如果超过了八页，拼版就非常重要了。

标准A5纸、全四色印刷、对折式宣传册的拼版表

页 数	内 容	大 纲
1(外)	封面	●标志 ●标语 ●照片
2	店铺介绍	●原稿：信息、宣传内容 ●照片或扣题的插画
3	↓	↓
4(外)	底面	●SPA项目列表 ●联络方式

上例就是四页拼版的方法。拼版的时候一定要明确每一页的顺序，此外还要能看出总页数和每一页的大纲。

竖排本

一般是在右边装订，打开从右往左看。

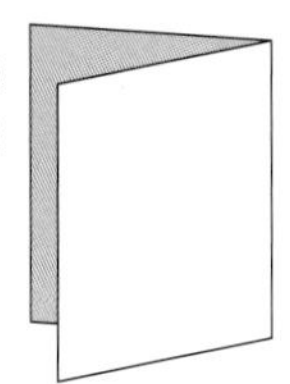

横排本

一般是在左边装订，打开从左往右看。

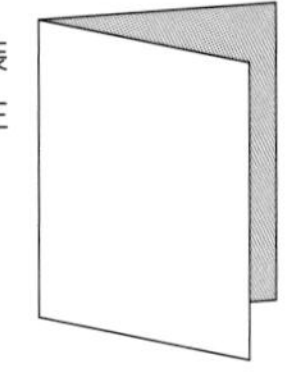

绘制草图

如果是第一次制作折叠式宣传册，最好先在纸上画出结构草图，尤其是结构比较复杂的宣传册，和委托人洽谈的时候还能用作说明材料。另外，如果手头上有类似的成品，也可以带给委托人当参考。

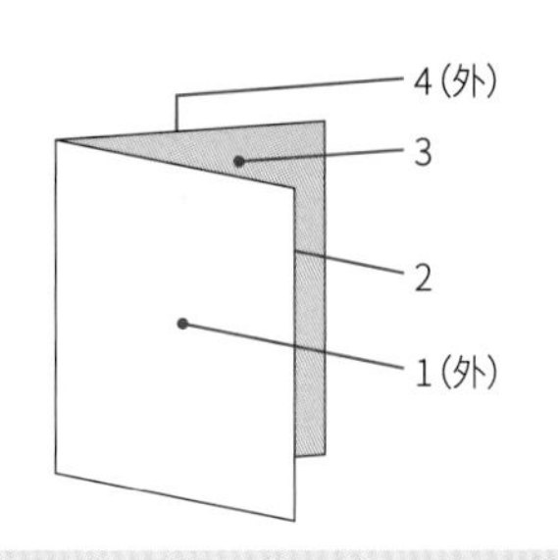

画好草图并折起来做成样板，会更直观易懂。

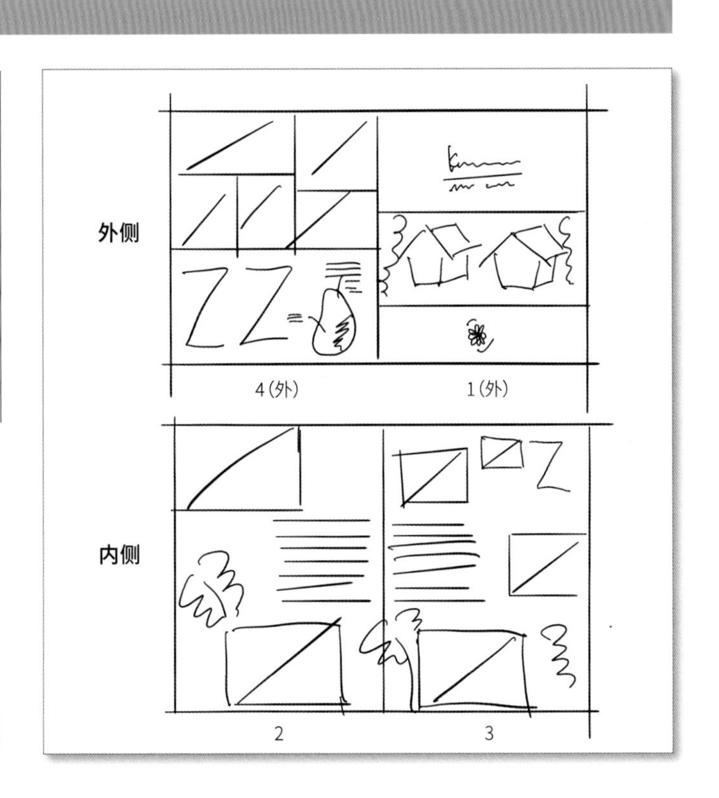

定好规格

印刷品的规格主要包括尺寸、颜色、纸张、页数、装订、加工。

印刷品的规格会直接影响成本。因此，委托人一般会根据印刷厂提供的报价单，核算成本后再决定规格，但有时会要求设计师亲自控制成本。所以设计师还必须掌握市价，学会有效地计算预算。

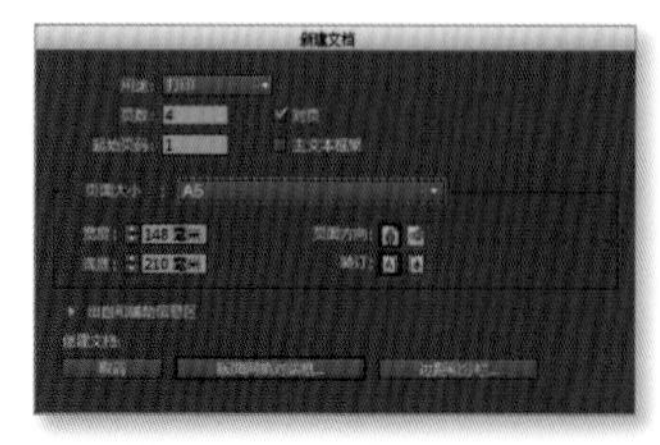

新建文档窗口（InDesign），设计师要负责确认好尺寸和页数。

主要规格

项目	注 解
尺寸	尺寸分两种，分别是折叠后的尺寸和折叠前的整体尺寸。比如要制作A5大小的对折式宣传册，那么折叠后的尺寸是A5（148mm×210mm），整体尺寸是A4（210mm×297mm）。一些形状比较特殊的宣传册会浪费很多纸张，成本也会很高。
颜色	这一项非常重要，一般有单色、双色和四色三种选择，彩印就选择四色。在胶版印刷中，如果需要特殊的油墨，就会用到五色以上。而按需打印一般只会用到四色。
纸张	根据印刷品选择合适的纸张种类和厚度（参照下表）。纸张的种类一般分为胶版纸（上等/中等）、铜版纸（双铜纸、铜版纸、微涂铜版纸）。
页数	指的是总页数。前面提到过，印刷品都是用一张很大的纸折叠制成的，所以页数不能是单数，以免造成留空，因此页数都填写偶数。
装订	折页的印刷品不用装订，八页左右的一般会用骑马订和平装订。如果达到一定的厚度就会用到无线装订、锁线订或者精装。
加工	将印刷好的纸裁剪完毕后，有时还会对其进行加工处理，例如折页、过胶和覆膜等。此外还有模切、压花、烫金和起凸等加工工艺。

选纸

不同的纸张会带来不同的印刷效果、手感、成品阅读感受。在印刷时，一般只要选好牌子即可。若时间允许，可以向纸厂的工作人员或印刷厂索要纸张样本，对比过后再做选择。

标准纸种类

种类	主要品牌	特征
双铜纸	Ultrasatin金藤N、Mckinley	双面涂布的铜版纸，不透明且表面平滑，而且对油墨的吸收性强，印刷效果好。高级双铜纸的令重达150kg以上，常用于写真集或高级宣传册。
铜版纸	OK top coat、M-white、Aurora coat	涂了白色涂料，表面十分平滑，而且成色漂亮富有光泽。常用于宣传单和商业印刷。
无光铜版纸	Newage	和铜版纸一样表面光滑，但不太反光，颜色也不太鲜艳，给人以沉稳之感。常用于印刷商品目录或宣传册。
微涂铜版纸	Ok Everlight	涂料较少，手感好。常用于书籍正文和宣传单。
非涂布纸	白老、OK上质纸 Kinmari、Utrillo、Espritcoat	表面没有涂料，用铅笔和钢笔容易书写。常用于书籍和办公用纸。

纸张样品能直接看到纸张的成色和厚度，手头上常备一份会很方便。

收集资料

收集资料，为设计做好准备。资料能细分成很多种类，但总体来说就只有正文、照片和其他三部分。如果正文篇幅可以控制，就可以在排版后再写正文，但实例中的价格表和服务项目无法删减，而且正文篇幅不好控制，所以需要先写好原稿。

正文

包括标题和照片说明等。

- ●标题或商品名称
- ●宣传语、标语
- ●正文
- ●商品和服务信息
- ●价格和营业时间等信息
- ●法律声明
- ●电话、地址

照片

制作宣传册所需的所有照片。

其他

- ●是否需要拍照？
- ●是否需要绘图说明？
- ●有没有自己的品牌和营业方针？
- ●有没有什么需要避忌的地方（竞争对手的信息等）？

确认委托人的品位

收到宣传册的设计委托之后，在设计之前，最好先问清楚委托人想要什么样的宣传册。我们可以通过画结构草图，直接从视觉上向委托人确认宣传册的色彩搭配和品位，也可以用SWOT分析法（态势分析法，就是将与研究对象密切相关的各种主要的内部优势、劣势和外部机会、威胁等，通过调查一一列举出来，然后按矩阵形式进行排列的一种方法）进行剖析或与同行比较（收集实物样品），从而确定设计方向。

语言有时并不能准确表达出心中所想，这样做是为了让设计师更了解委托人的意图，与委托人达成共识，有效避免返工和修改。

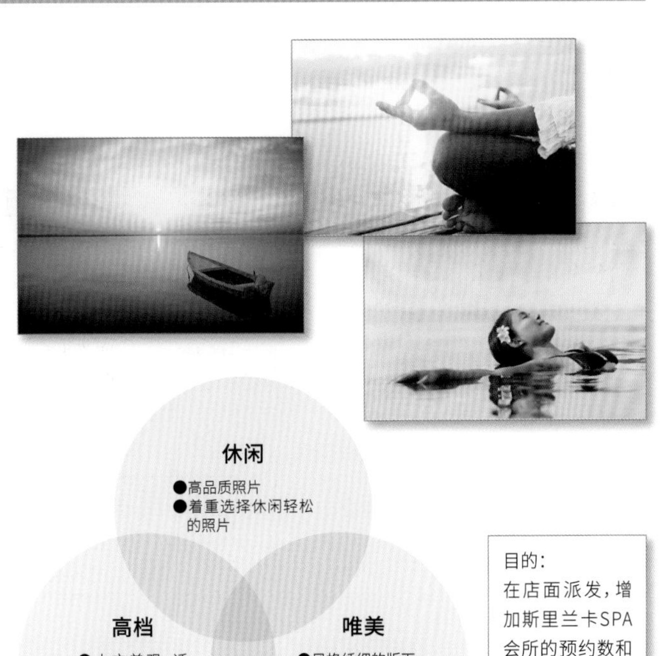

目的：
在店面派发，增加斯里兰卡SPA会所的预约数和搜索量。
目标群体：
以三十岁前后的女性为主。

照片的用法

这本宣传册主要选用了SPA会所内部设施的照片，此外还绘制了一些插图来当背景。只要有数码相机和手机，任何人都可以拍到很多照片，但并非所有照片都能用于设计。即使有委托人提供的照片，也要从中选出扣题的照片并调整为印刷用图后才能使用。

如果有摄影师的话，就可以负责处理原图和调色，但大多数情况下都不会有专业人员帮忙调整，这种时候就需要设计师亲自操作了。

矩形照片和裁剪照片

顾名思义，矩形照片就是指矩形的照片，不管是原图还是经过修剪的照片，只要是矩形的就属于矩形照片。矩形照片囊括了拍摄对象和对象所处的环境，能将当时的情景完整地呈现出来。而裁剪照片一般只会把拍摄对象裁剪出来，加以强调。过去，图片修整由印刷制版的技术人员负责，现在修图工具日益发达，越来越多的设计师选择亲自操刀。

矩形照片，拍摄对象和背景融为一体。

如图所示，裁剪的照片中，整个盘子被裁剪出来，拍摄对象的轮廓得以鲜明展现。

透明度和蒙版

半透明能使对象融入背景之中，使用Photoshop的蒙版等工具，还能制造出渐变的透明效果。掌握这一修图技巧非常有帮助。

进入快速蒙版，然后用画笔把想变透明的部分涂掉（反过来涂亦可）。

退出快速蒙版后按“Delete”，除了涂过的区域，其他区域都会被删除。

裁剪

通过裁剪，可以从照片中提取出自己需要的部分，剔除多余的部分，还能调整照片的角度。同一张照片经过裁剪后，也会展现出不同的效果。Photoshop、Illustrator和InDesign都能用蒙版和裁剪工具进行裁剪。

但是，要把裁剪过的照片恢复原状是件麻烦事。所以进行版面设计时，最好用版面设计软件裁剪，不要用Photoshop。

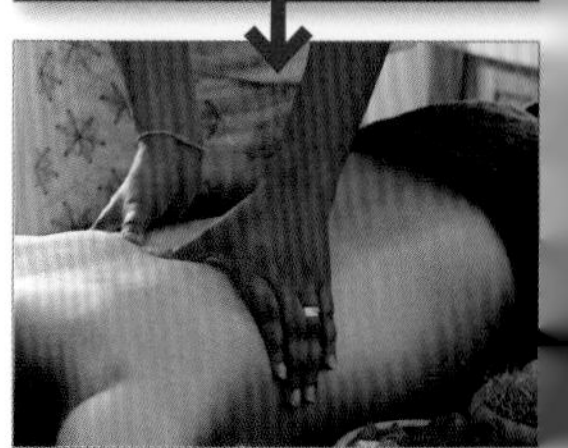

修图基础①颜色模式

在进行版面设计之前，要先想好怎么管理排版文件中的图像。其中颜色模式、颜色配置文件和保存格式要注意统一。保存格式不必局限于一种格式，但压缩比太高的图像会导致油墨渗漏，最好不要选择与CMYK不兼容的格式。

印刷工序也会根据颜色模式分为两种。RGB印刷稿和CMYK印刷稿的印刷工序是不一样的。PDF格式的印刷稿一般都走CMYK的印刷工序，事先校对好颜色后，再制成PDF格式。

颜色模式

RGB图像

CMYK图像

照片的主要保存格式

- JPEG格式
- PSD格式（Photoshop格式）
- TIFF格式

PHG格式和BMP格式的图像无法切换成CMYK模式，所以在印刷中并不常用。

两种印刷工序的区别

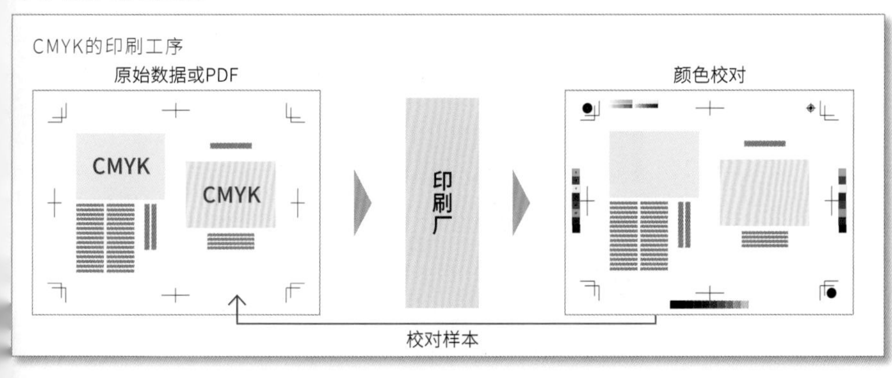

将图像转换为CMYK模式再排版，把排版数据或PDF交到印刷厂，印刷厂就可以直接印刷样本（校对完颜色后返稿给设计师更正颜色或内容）。

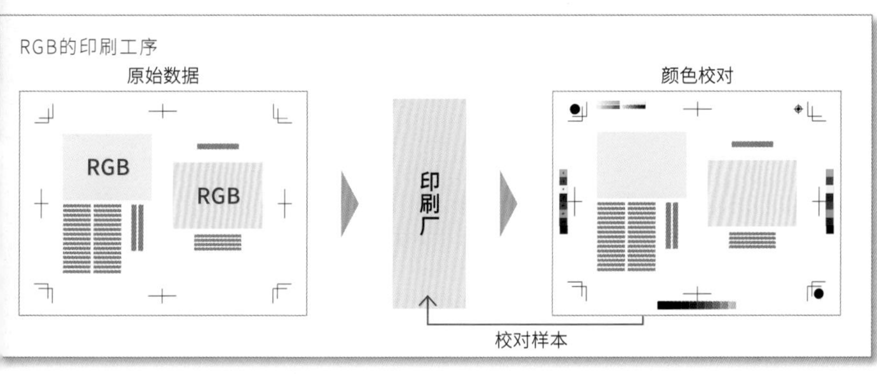

直接用RGB模式排版，然后将排版数据交给印刷厂，印刷厂需要将图像转换好再印刷样本（校对完颜色后返稿到印刷厂的制版部门，更正颜色和内容）。

修图基础②清理杂点

修图时一般会选用RGB模式。拍照时难免拍进一些杂质，比如镜头或CCD（图像传感器）上如果有灰，照片里就会出现杂点。如果情况不是很严重，我们可以使用修图工具将它们清除掉。但如果需要大幅度修改，最好还是交给摄影师去处理。

常用修复工具的功能

从Photoshop的工具栏中选中污点修复画笔工具。

点击杂点。

在工具选项中选择“内容识别”，然后根据杂点大小调整画笔的直径和硬度，最后点击杂点将其清除。

常用修复工具的功能

工具	功能
污点修复画笔工具	使点击的部分融入背景中。
修补工具	用套索框选出目标区域，然后借用其他区域来进行修补。
仿制图章工具	将标有“+”的其他地方（要离涂抹处有些距离）的颜色，复制到所点击的地方，以消除不想要的部分。按住“Alt”键并点击鼠标左键，对定点进行复制。
内容感知移动工具	能移动所选的范围，并使其融入背景中。

修图基础③调整色阶

色阶是一项能够根据直方图来处理照片明暗，使其层次分明的功能。在色阶窗口中，我们可以根据窗口内的直方图调板来调整白场（照片中最白的地方）、灰场和黑场（照片中最黑的地方），从而改变照片的亮度。

色阶是最常用的亮度调节工具，当照片亮度无法达到预期效果时就会用到它。一般只需要移动下图中的滑块，即可进行调整。

使用色阶工具是为了让照片的明暗层次更加分明。

注意：这类照片不宜使用色阶工具

这类照片应该使用明亮的色调，所以不宜用色阶工具来拉开明暗的层次。

将白色滑块向左移动，即可使图像变亮。

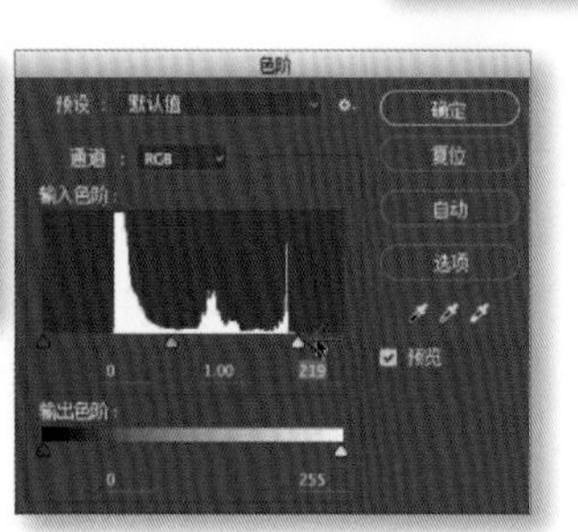

将黑色滑块向右移动，即可使图像变暗。

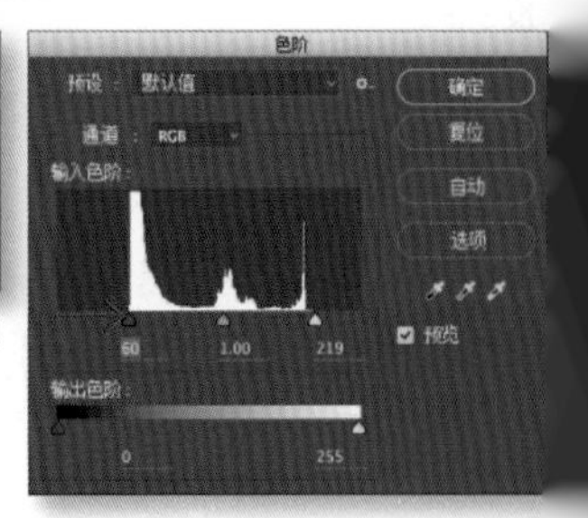

修图基础④曲线

曲线是一项用来调整图像色调范围的工具。以Photoshop为首的修图软件基本都配有曲线工具。曲线和色阶一样，可以调节图像的白场、灰场和黑场，但它能更加巧妙地对图像进行调整。一般都是先用色阶工具调整一遍后，再用曲线进行微调。曲线便于调整色调平衡，使图像色彩分明，适用于偏亮或偏暗的图像。

曲线的调整一般也是在RGB模式下进行的。

曲线窗口

点击“图像”→“调整”→“曲线”（或按Ctrl+M）打开曲线窗口后可以看到，一个正方形里有一条从左下到右上的直线（贝塞尔曲线）。可以点击直线创建节点，或拖动曲线来调整图像的色调。图中还可以看到和色阶一样的色彩分布图。

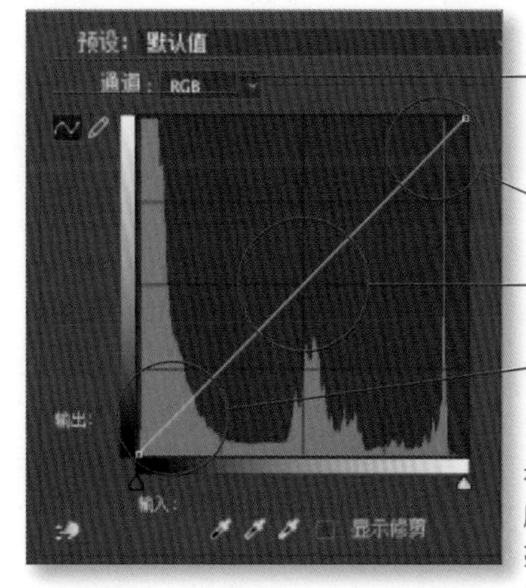

在RGB模式中，往下拖动曲线会压暗色调，往上拖动曲线则会提亮色调。此外，曲线的右端调整的是高光，中间部分调整的是中间调，而左端调整的是暗调（请注意，CMYK模式下的操作与此完全相反）。

处理前的示例照片。

调高灰场

照片整体变亮。

调低灰场

照片整体变暗。

S曲线

对比度增强，照片层次变得分明。预设里有设定好的S曲线。

反S曲线

对比度下降，较深的颜色会显得比较柔和。

上调高光

一些细节处较淡的颜色不见了，白色部分增加。

下调高光

白色部分变暗，比较淡的颜色变明显了。

运用分组
有规律地对照片进行排版

准备好照片和文稿后，就可以开始排版了。设计宣传册等印刷品时，如果需要用到的图片数量过多，建议先将图片进行分组，这样可以制作出富有节奏感，且统一耐看的版面。

カルナカララ・アーユルヴェーダ・スパ&リゾートは、美しい人生のもととなる"健康"と"幸せ"をお届けするために誕生した究極のリゾートホテルです。クオリティの高いホスピタリティやオリジナリティ溢れるサービスの数々で、お一人おひとりの心に残る極上のひとときをご堪能いただけます。

特にアーユルヴェーダにおいては、他と一線を画すハイレベルで専門的な体制を整え、専属ドクターによる細やかな診断とそれに沿ったパーソナルな施術を行います。ホテルレストランの食事メニューも管理できるほか、リゾート内のスタジオや寺院でヨガ・瞑想・占いを実施するなど、ボディからメンタルまですべてを網羅したアーユルヴェーダ治療が特徴です。みなさまに健康な体や心の安らぎとともに豊かな生活をお送りいただけるよう、信頼ある確かな知識によって、体の芯からキレイづくりをナビゲートしていきます。

もちろんリラクゼーション向けのスパメニューなどもご用意しており、至高の手技で疲れを癒していただくことが可能です。日本文化の風合いを見せる建物やインテリアもポイントで、どのような目的でもゆっくりとくつろぎながらアーユルヴェーダ施術を味わうことができます。

また、リゾート全体が"地上のパラダイス"を思わせる世界観を見せ、すべての場所において最大限にリラックスできる非日常の時間が流れています。コテージ周りのスパイスの木々はまるで幻想的なスリランカの森のようにゲストを優しく包み込み、広大な海へとつながる美しいマ・オヤ川の眺望はホテルやレストランでの特別なシーンをより有意義なものにしてくれます。スリランカならではの素晴らしい自然を目の前で存分に感じてください。

その他にも家具や設備など随所にこだわりが光ります。トイレスペースにおいては清潔かつ快適な日本のスタイルを重んじ、独自のウォシュレット式を採用しました。そんなディテールへの繊細な心配りもこのうえない満足感をもたらす魅力と言えるでしょう。

アーユルヴェーダを楽しむ方もそうでない方も、すべてのお客さまが最高のバケーションを過ごすことができるカルナカララ・アーユルヴェーダ・スパ&リゾート。この楽園だけで叶えられる最上の時間と多彩な体験を通し、美と健康の先にある"本当の幸せ"を見つけてみませんか？

about Ayurveda

アーユルヴェーダはスリランカで5000年以上にわたり大切に受け継がれてきた伝承医学です。人間の周りに存在するエネルギーである3つのドーシャ（ヴァータ＝空気、ピッタ＝火、カパ＝地球）の乱れがちなバランスを整え、心と体の健康へつなげていきます。

医師の専門的な診断をもとに、独自のハーブオイル施術で一人ひとりに合わせたパンチャカルマ（アーユルヴェーダの浄化療法）を行えるのがカルナカララの魅力です。体の中に溜まった汚れやストレスをきれいに清め、ドーシャバランスをケアしませんか？

信頼の知識・技術によるパーソナルな治療で、心身ともに美しい豊かな人生のスタートを後押しします。

这是一个以传达信息为主的宣传册内页。但它并没有做过多的说明，而是有意地引导顾客去想象休闲SPA会所里的环境。大版面和紧贴裁切线的照片排版看上去美观大方。

HINT 确定照片的分组思路

接下来，我们将根据内容，在某种程度上对手头上的照片进行分类，并确定它们的摆放位置。分组方法很多，但是若以稿件为基准，交由作者或编辑来处理的话，他们或许会受到想表达的信息的深度、手头照片的数量的限制，导致各区域照片数量失衡的局面。所以若想最大限度实现设计师的方案，设计师需要跟委托方沟通，咨询商议照片的增删事宜。

展现会所所处环境的风景照

会所外观的照片

其他

这张照片配有专栏介绍，于是将它归入室内照片的分组中。

会所室内的照片

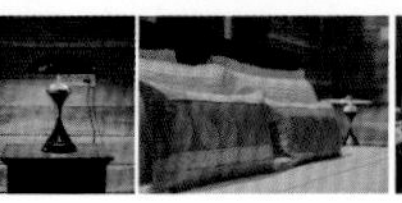

1 布置材料

先在排版文件上，布置好放在中间的正文和放在右上角的解说小专栏。正文字号11Q，行距18H。解说词字号较小，为10Q，行间距也比较紧凑，为16H。照片则计划布置在文字周围。

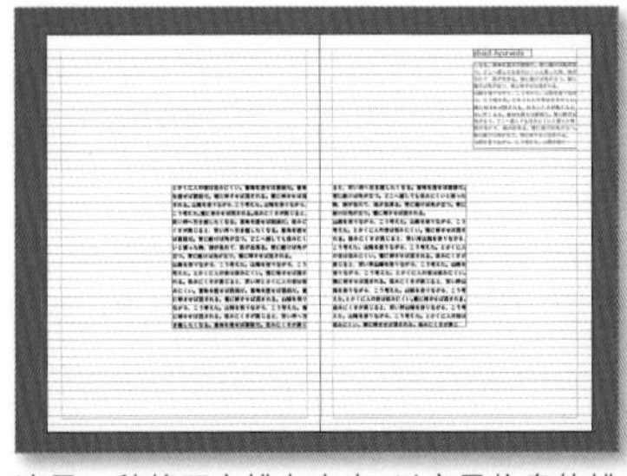

这是一种将正文排在中央，以突显信息的排版样式。解说专栏属于次要信息，将其独立出来放在右上角，与正文区分开来。

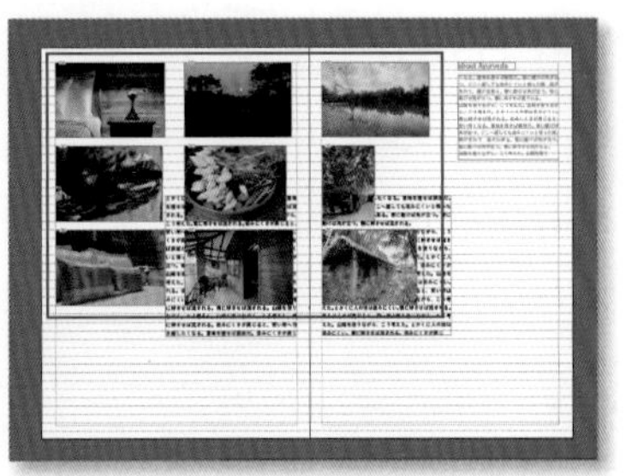

先将所有的照片都放到版面内。可以看出，如果图片太大，版面会容纳不下。所以在思考图片的摆放位置时，要将图片分好主次。

2 选出主图

虽然版面上有很多风景照，但这本宣传册主要是想介绍会所的外观及室内装潢，因此先将风景照从中移除。然后，将余下的照片分为三组进行排版。

将照片分为三组："外观照"放左上角，"室内照"放对角线上的右下角，"小专栏"放右上角。

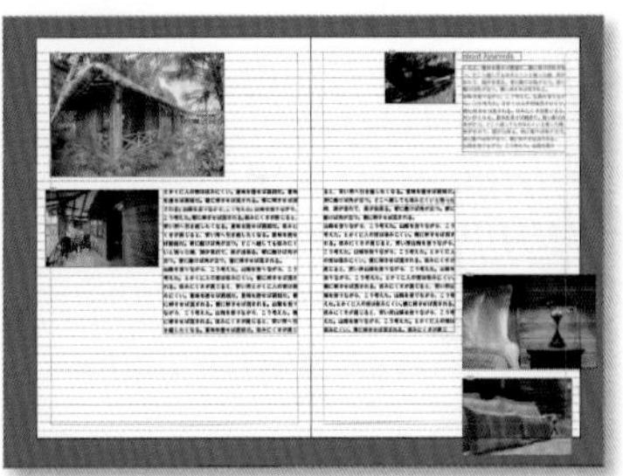

调整照片的尺寸，使其有大有小。如此一来，便大致确定了照片的大小。做自由版式设计时，网格是一个好用的工具，巧用网格可使版面更有规律。

3 放置辅图加以调整

将四张风景照辅图放回来，调整照片的分布，填补版面的空白。版面过于整齐会显得很单调，所以这里将先前放在一起的两张外观照拆分开来，在它们之间插入风景照。这样，一个张弛有度、简洁有力的版面就形成了。

摆放风景照。将两张绿意盎然的风景照与外观照摆在一起，形成一组图片。拍着夕阳的那张照片则放到有橘红色灯光的室内照旁，构成另一组图片。

调整照片的位置，留出均匀的空白空间。大点的照片紧贴着裁切线排版，小点的照片则可以远离裁切线排版，让版面显得张弛有度。

凑不成对的照片
可用拼贴手法排版

对齐排列顾名思义，指对齐排列大小相同的照片，拼贴则与其不同，需要一定的技巧。拼贴时不能过于在意照片的大小，而应该从外到内，快速地进行排列。

对比图

在此将五张照片（其中一张为竖图）进行了拼贴。无缝拼贴能让读者看到一个整体，而不是一张张照片。这种手法十分方便，不仅能节约空间，容纳更多的图片，还能提高图片的表现力。

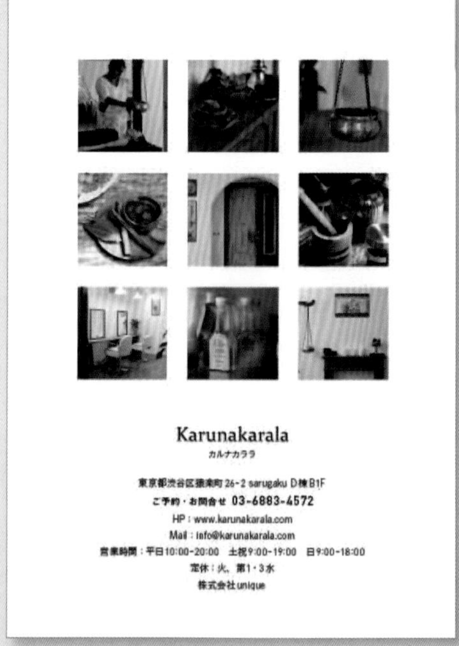

统一图片的尺寸和间隔后，版面给人的印象就大不相同了。这种排版能让读者注意到每张照片的内容。

HINT 排列复数对象

InDesign和Illustrator的“对齐窗口”，都具有排列复数对象的功能。它有两种用法尤为重要，一种是用Ⓐ框中的“等距分布”来指定排列图片的间距值，另一种是用Ⓑ框中的快捷按钮来迅速排列选中的对象。

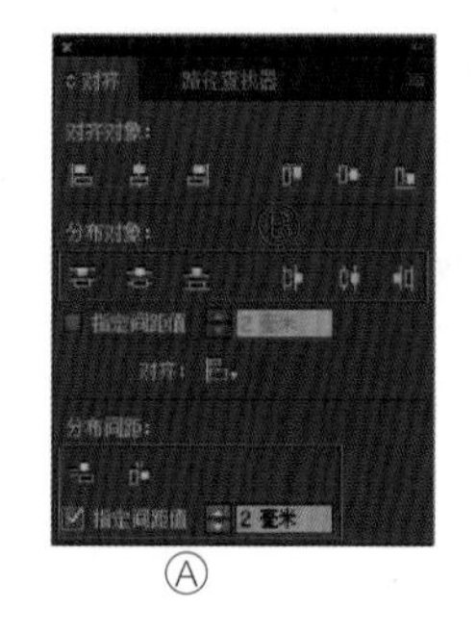

Ⓐ

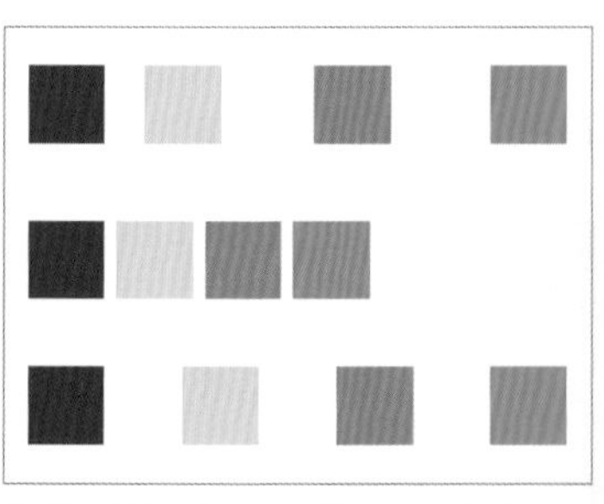

排列示例图。第一行是横向无序排列，第二行是等距分布排列，第三行是两端对齐分布排列。

1 布置材料，为图片分好主次

首先要决定好拼接图的大小，然后考虑如何布置。

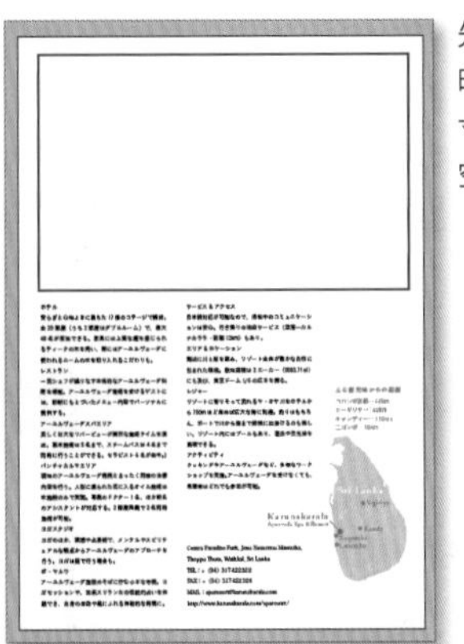

先完成正文的排版，同时算一下拼贴图的尺寸，然后留出适量的空间。

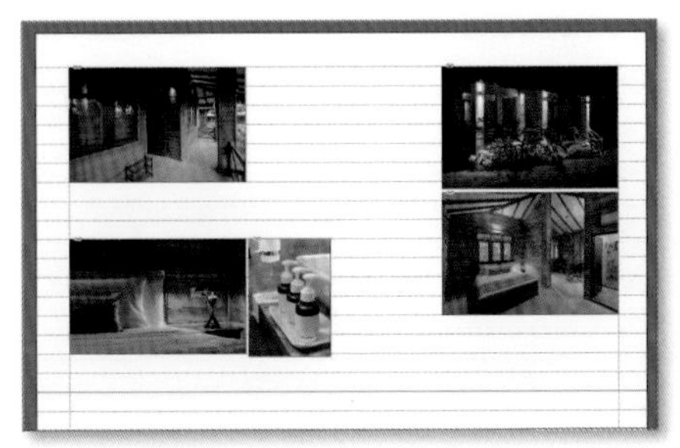

正文排好版后就开始处理图片。五张图片之中，除了一张竖图之外，其余都是建筑内部和外部的图片，色调也非常相似。
因此，竖图就略微缩小用作辅图，而左上放的图片则略放大。和辅图组合在一起的图片连同辅图一起放到左下方，方便调整尺寸。

2 无缝组合

决定好拼贴的方向之后，接下来就要互相调整好尺寸。运用图片的组合和对齐，就能将大小不一的图片有效地整合在一起。

选好要组合的图片，然后利用标尺和网格调整好图片的尺寸。在InDesign中拖动图片时，相邻图片的距离和尺寸都会标示出来，非常方便。

将左边三张图拼在一起，不要留下缝隙。因为三张图片的比例各不相同，所以尺寸很难对得上。拼在一起后可以继续用缩放或裁剪工具进行调整。调整尺寸后选中三张图片，点击右键选择“编组”，将三张图片组合在一起。

3 善用缩放和裁剪

把图片组合后，继续用缩放进行调整。一口气组合五张图片会很麻烦，但经过一轮组合后，五张图片已经变成两张图片，处理起来也比较容易。

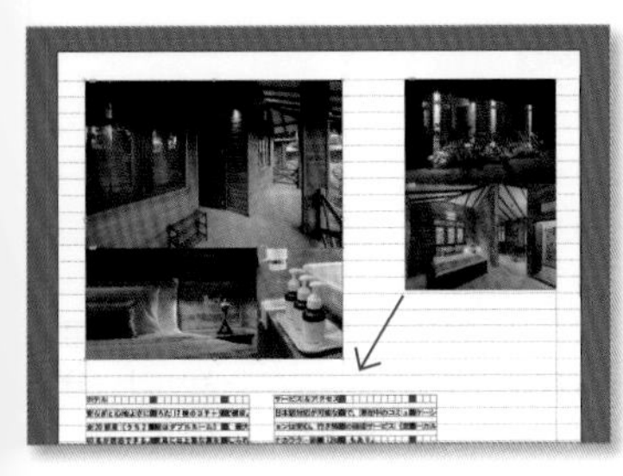

放大组合图，使其贴近预留图片区的边线。

右边的组合图也用同样的方法进行调整，但要注意，两张图的高度最后要保持一致。

Label

示例协助制作：Maniackers Design　拍摄：丸毛透　协助：okatte-market、上毛大学

实践：地方汽水的瓶身标签

接下来，我们将通过研究饮料瓶的标签，学习商业平面设计。在学习过程中，我们不妨思考一下现实中有哪些生动的例子，自己要怎样才能做出这种吸人眼球的作品。

与地区密切相关的项目

观光旅游，品尝地方美食，购买当地特产是必备项目。近年来，为了响应地方创生政策（※），越来越多的地方团体开始发展与观光旅游相关的设计项目了。本节提及的项目核心为“地方汽水”开发。“地方汽水”开发项目的热潮一直稳步持续发展，其指导方针是“纪念富冈列入世界文化遗产”，地方有志之士开发新款当地特产。

每一个商品和品牌都离不开当地的文化积淀和人文气息，所以在设计的时候必须将当地历史、乡土文化和当地所面临的问题都融入作品之中。

此外，在设计时还要充分认识到，这是一个要摆在货架上的商品，同时还要考虑游客的需求。虽然标签自身是一个平面的设计，但设计师对作品的考量绝不能只停留在平面上。

（※ 地方创生政策是指安倍政权为纠正东京过度一极化、阻止地方人口持续减少、提升全日本经济活力而制定的国家战略和配套政策措施，被称为“地方安倍经济学”）

本次实践任务

为群马县福冈市店铺新发售的地方汽水设计一个贴在瓶子上的标签。这款汽水为纪念“富冈制丝厂及丝绸产业遗产群”成功列入世界文化遗产而开发，是为地区做贡献的观光特产。这次的任务就是要根据生产商提供的图案，按其要求设计一个标签。

日本国宝——富冈制丝厂西蚕茧仓库，2014年列入世界文化遗产，使富冈成为备受瞩目的旅游胜地。

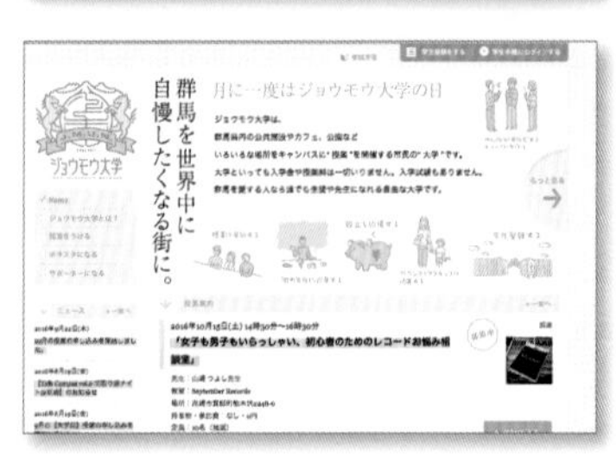

上毛在古代指关东以内、群马以北的地域。本项目的合作方——JOMO大学是一所非营利性民办大学，主要在群马县高崎市开展相关活动。
http://jomo-univ.net/

制作流程：确认项目内容和工作范围（构思） → 命名 → 产品样式 → 探讨商标名 → 插图设计

左:上州富冈汽水
右:荒船风穴汽水
均为230日元，群马县福冈市Okatte-Market等商店有售。

AD & D. 佐藤正幸 Illust. 佐藤麻美

着手构思

策划一个新产品，除了预算和产品概念等内部因素外，还需要考虑到消费者状态以及贩卖点等外部因素。做设计也一样，这能让我们明确设计的方向。

在探究外部因素时，可以使用AIDA或AIMDA（A是Attention即注意；I是Interest即兴趣；M是Memory即记忆；D是Desire即欲望；A是Action即行动），对消费者购买形态做一个系统的分析，从而得到一个极具参考价值的营销框架。

富冈制丝厂附近有一个富有情趣的古镇，游客悠然散步的身影如在眼前。

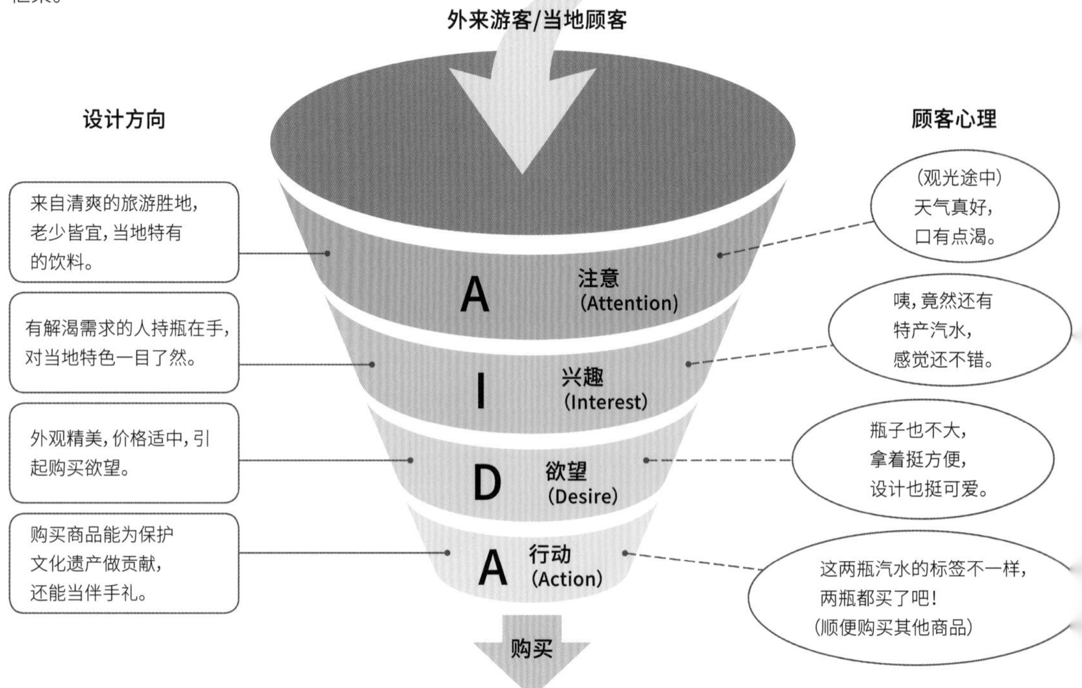

HINT 环境决定产品印象

最近比较流行地方特色，例如日本各地的“KitKat”和“吉祥物”，越来越多的人开始收集具有地方特色的物品。地方汽水也是其中之一，特色商品都具有非常大的吸引力。此外，因购买地点有限，商家无须在差异化上下功夫。但必须符合外来游客的口味。

这次提到的富冈制丝厂，很容易让人联想到制丝工业鼎盛的明治和大正年代，散发着一种历史的厚重感和近代工业气息。贩卖点Okatte-Market本身是一个旧仓库，经装修改造后成了商铺。做设计的时候一定要去想象“游客一家大小走进具有近代风格的店铺，然后被产品的外观所吸引，最后买下了商品”的情景。这样，作品的轮廓才会自然地浮现于脑海中。

商品的命名

商品标签设计中，商品命名占据着十分重要的地位。标签的设计往往受限于商品名，毕竟商品名会直接反映到设计主题中。

这次所用到的名字“上州富冈汽水”和“荒船风穴汽水”，分别取自富冈制丝厂和荒船风穴，是设计师和地区振兴团队的成员共同商议决定的。

尽管命名没有特别的限制，但有几种命名方法能有效加强宣传效果。这两个名字就属于“组合型”。

命名方法

「组合型」

将两个以上的词语合在一起作为新名字。除名词之外，还可以通过印象、人名甚至拟声词等方式任意组合成一个独一无二的名字。

A	+	B	=	AB
伊吕波歌（IROHA）	+	Lohas	=	I·LO·HA·S
Soy（大豆）	+	CARACARA（拟声词）	=	SoyCarat
诗特莉婶婶	の	饼干	=	诗特莉婶婶的饼干

有时还会用“的”将两个词连起来。

「增减型」

除了将两个词合在一起之外，还可以打乱顺序或删减个别字，好让新词读起来顺口或者和日语形成双关意。

A	+	B	=	ab
Salad	+	Dressing	=	Saladre
Gorilla	+	kuzira	=	Godzilla

「首尾相接型」

即在主体词汇的首尾加上词缀。示例中的“上州”和“荒船”就是作为前缀加入的。用普遍词汇作为设计主体时，加上像“鼻祖”这样的词缀，能起到差异化的作用。

RE（再次） + House（家） = Rehousing

确定的名字

「组合型」

设计师必须充分理解名字的含义，下面就补充一下相关地名的知识。

古时称作上野国、上毛，是群马县的别称。

象征富冈市和富冈制丝厂。另外，上州富冈还是上信电铁上信线的一个站名（最靠近富冈制丝厂的站）。

荒船

荒船风穴是被列为世界遗产的一个蚕卵储藏室。名字来源于群马县和长野县交接的荒船山。

风穿行而过的洞穴。

产品样式

本例的产品样式主要取自地方汽水的生产线。目前市面上流通着多种饮料瓶，形状大小都各不相同，这次选用的瓶子就是从市面上现有的瓶子中选取的。

除了本例选用的瓶子以外，还有一种由日本清凉饮料工会开发的可回收饮料瓶（340ml）。这种瓶子规格统一，有利于资源的回收与循环利用。由于这种瓶子具有环保的象征意义，因此能为商品带来一定的宣传效果。

瓶盖的种类

瓶盖的种类很多，比如要用开瓶器的皇冠瓶盖，还有塑料瓶盖等。很多汽水瓶都会选用皇冠瓶盖，但考虑到方便携带的问题，这里结合设计方案选取了蓝色的螺旋瓶盖。

标签的种类

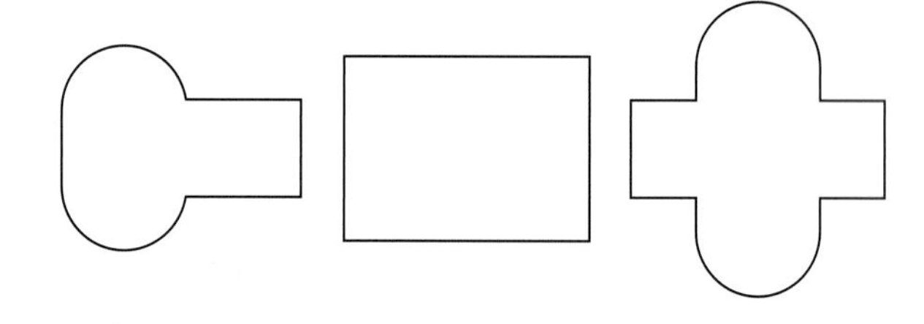

标签设计往往取决于标签的形状，不同形状的标签带给人的印象也会不一样。

瓶子尺寸

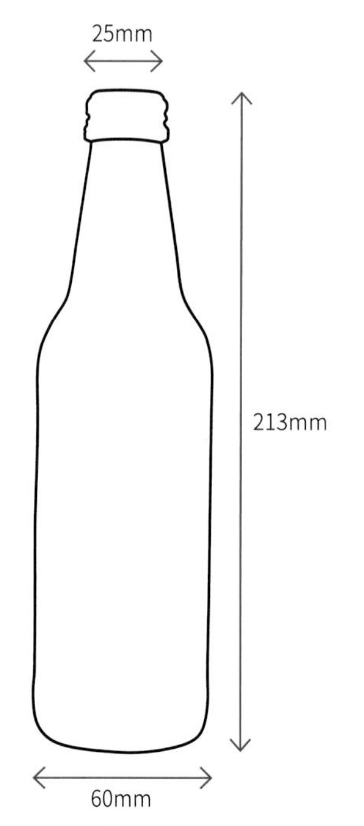

选好瓶子之后，去找一本样本目录，或找一件实体样本，将其带去跟厂家谈，效率更高。

标签尺寸

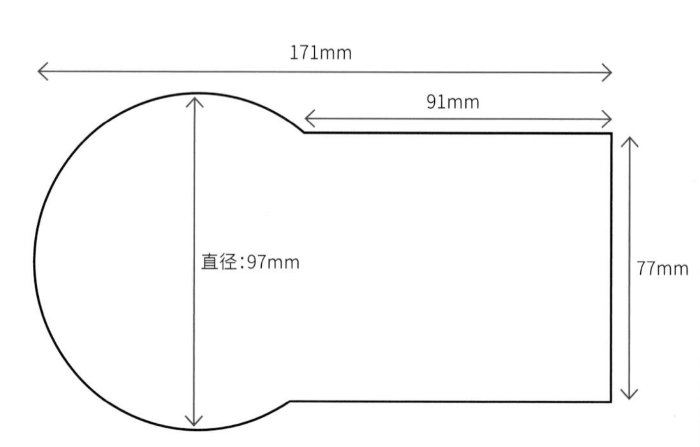

标签设计往往取决于标签的形状，不同形状的标签带给人的印象也会不一样。

日语字标的字体设计

设计字标的方法有很多，最常用的方法是，使用现成的艺术字体，或以此为基础适当进行修改，抑或自己一个字一个字地写出来。而本例中的“福岡サイダー”“風穴サイダー”，则是使用Illustrator软件逐字画出来的。

设计字标一般不会选用印刷体，而是选用更有艺术性的字体，例如楷书、黑体。决定好字体后就可以对文字进行修改了，每一个字都有其自身的含义。修改文字时，可以根据那个字的含义去改变它的形状，进而突出文字标志的含义。

参考《大书源》

本例字标的设计师佐藤正幸先生推荐了字标设计参考书《大书源》（二玄社），其中记载了各个时代的字体，包括殷朝的甲骨文、金文，甚至还有齐白石篆书，字体样本超过21万个。对构思设计方案有很大的帮助。

《大书源》（二玄社）

汉字的起源

汉字形成之初的甲骨文是一种象形文字，能清楚地看出文字的原型，例如人类、动物和武器等。发展成装饰文字——金文之后，文字结构变得更为丰富。再后来，为提高文字的实用性，文字大幅简化，小篆诞生，此时已经很难从字形看出文字的含义了。

风象征着神圣的大鹏鸟，所以风在甲骨文中整体形似一只鸟，头上还戴着一顶皇冠，而“凡”是风的声符，因此还在旁边加上了一个“凡”字。

风在甲骨文中的另一种写法，字体方向完全变了。

经过时代的变迁，民间开始流传一个传说，司掌风（風）的是龙神，所以后来“虫”（龙属于爬虫类）就取代了“鸟”。

以上参考了白川静所著的《常用字解》（平凡社）。

本例所选用的字体是篆书，以“虫”字尤为明显。而且整体横平竖直，极具对称感。但与体正势圆的篆书相比，本例的“風”字收缩了宽度，字体中显露出一丝现代风格。

将字标放在中心的复古式设计

这种设计中，商品名完全占据主导地位。

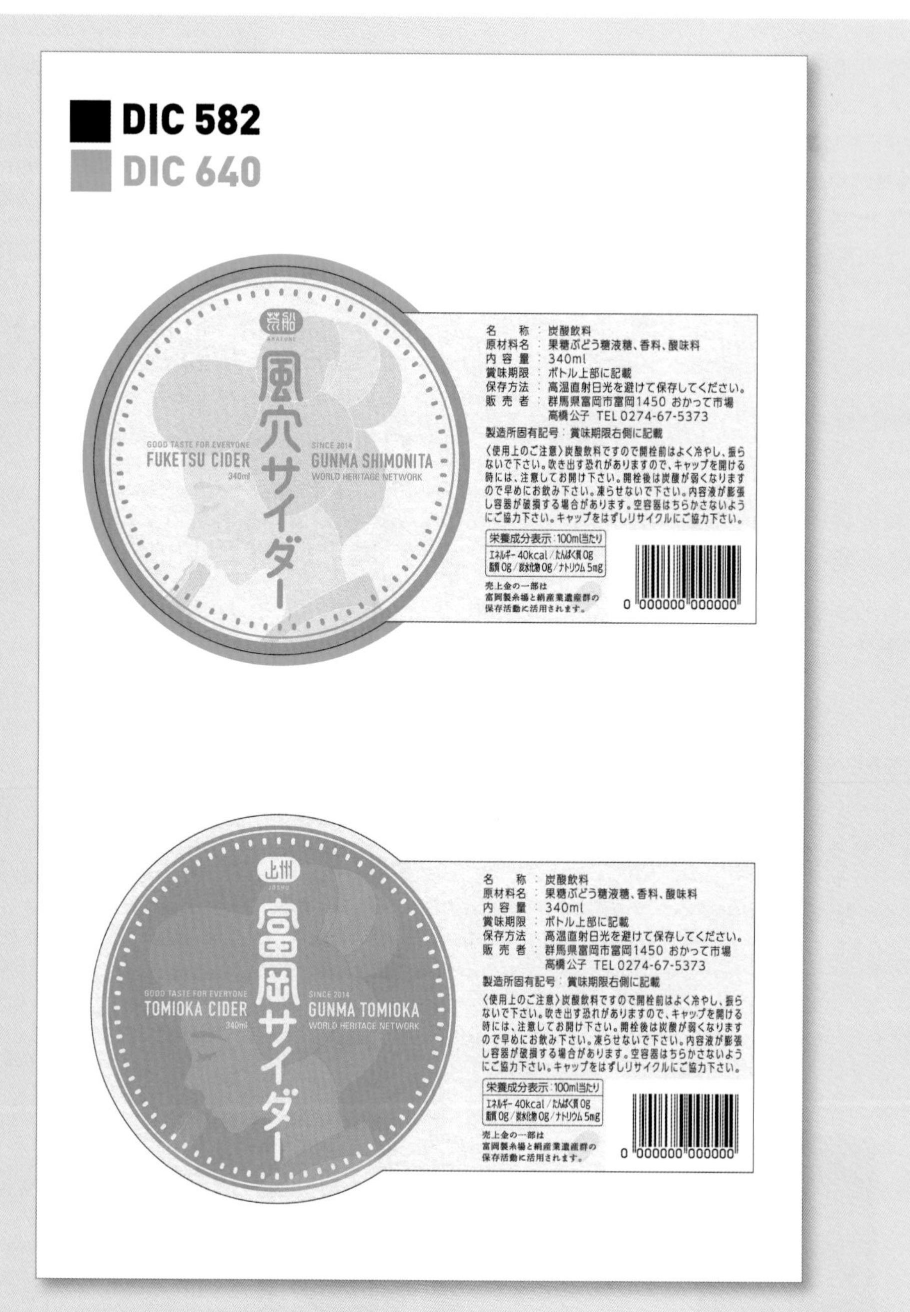

以上两个成品在结构和配色方面都是相通的，巧妙地突出了二者的关联。

1 主要字标的排布

根据资料和商品印象对字标进行排布。我们可以通过手绘或使用设计软件的工具制作草案，反复摸索。

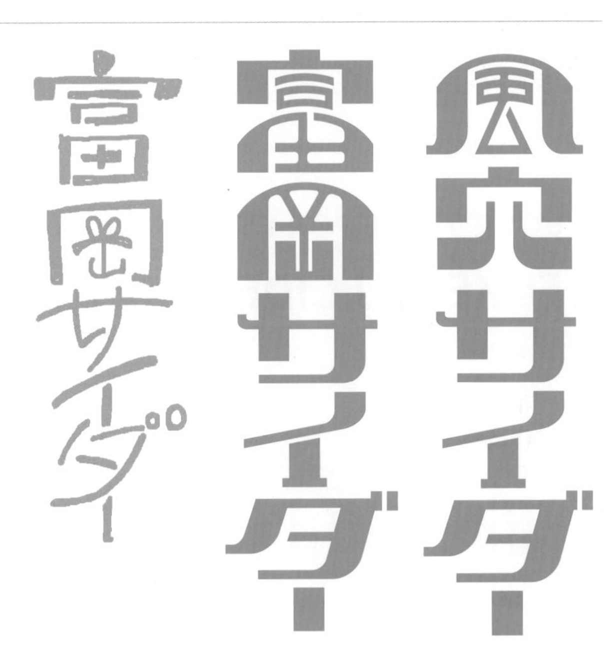

设计手稿和草案。与草案相比，落实的方案反而显得有点保守。

分成两列或横向排列。如上图，横向排列时还可以添加一个弧度。

利用贝塞尔曲线，对线条的大小和字体的边角进行调整。

2 利用西文宣传语吸引眼球

西文字体一般选用DIN和Univers系列。

使用DIN - Schrift 1451 Engschrift Alternate

使用Univers 57 Condensed

GOOD TASTE FOR EVERYONE
FUKETSU CIDER
340 ml

SINCE 2014
GUNMA SHIMONITA
WORLD HERITAGE NETWORK

首先把字母按字身框紧贴排列，然后再调整西文的跳跃率，使整体保持整齐。

GOOD TASTE FOR EVERYONE
FUKETSU CIDER
340ml

SINCE 2014
GUNMA SHIMONITA
WORLD HERITAGE NETWORK

3 组合字标

选用的标签正面是一个正圆，本例将所有字标都集中摆放在中央形成的一个十字上。

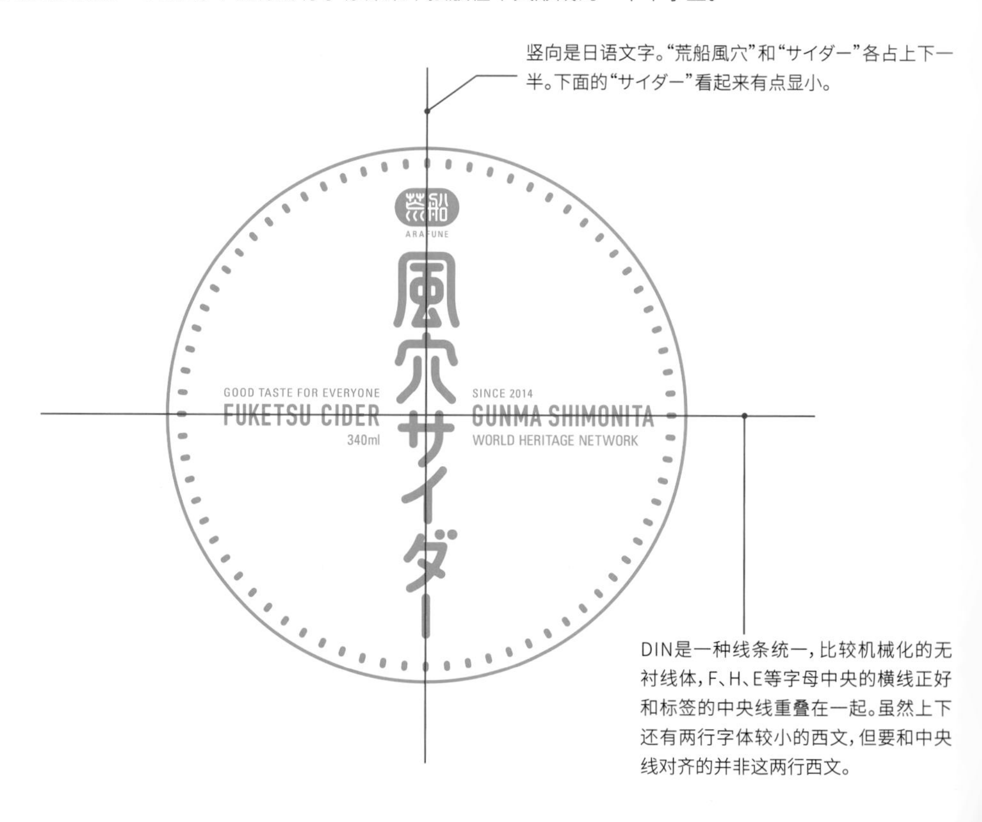

竖向是日语文字。“荒船風穴”和“サイダー”各占上下一半。下面的“サイダー”看起来有点显小。

DIN是一种线条统一，比较机械化的无衬线体，F、H、E等字母中央的横线正好和标签的中央线重叠在一起。虽然上下还有两行字体较小的西文，但要和中央线对齐的并非这两行西文。

4 制作插画

插画是另外制作的，将其与字标组合起来后再进行调整。另外，可以用Photoshop给插画上一层略薄的背景，以提高画面的质感。

插画的参考资料来自网络。搜索关键词“富冈制丝厂”和“女工”等，收集了很多参考图片。

女工插画的草稿。

用Illustrator制作的半成品。简化了插画的线条。

配上色，调整好后，和字标组合起来。对应两种汽水，准备了两种颜色深浅不同的配色方案，且女工脸上的痣的位置也是不一样的。

5 输入背面标签上的信息

在这里，商品信息统一用了黑体，而慈善信息则用了明朝体加以区分。大致排版完成后，再根据版面对文字进行微调。

UD新黑体 Condense80 Pr6-L
字号8.2磅
水平缩放 110%
字间距 87

名　称	炭酸飲料
原材料名	果糖ぶどう糖液糖、香料、酸味料
内容量	340ml
賞味期限	ボトル上部に記載
保存方法	高温直射日光を避けて保存してください。
販売者	群馬県富岡市富岡1450 おかって市場 高橋公子 TEL 0274-67-5373
製造所固有記号	賞味期限右側に記載

〈使用上のご注意〉炭酸飲料ですので開栓前はよく冷やし、振らないで下さい。吹き出す恐れがありますので、キャップを開ける時には、注意してお開け下さい。開栓後は炭酸が弱くなりますので早めにお飲み下さい。凍らせないで下さい。内容液が膨張し容器が破損する場合があります。空容器はちらかさないようにご協力下さい。キャップをはずしリサイクルにご協力下さい。

UD新黑体 Condense80 Pr6-L
字号8.0磅
水平缩放 88%
字间距 173

栄養成分表示 100ml当たり	
エネルギー 40kcal	たんぱく質 0g
脂質 0g　炭水化物 0g	ナトリウム 5mg

売上金の一部は
富岡製糸場と絹産業遺産群の
保存活動に活用されます。

秀英明朝 Pro-M
字号6.0磅
字间距 100

示例协助制作：霜崎绫子　撰文：宫崎绫子

实践：杂志排版

在平面设计中，涉及报纸、杂志和书籍的，都可以归为出版物设计。其中最具代表性的，当属每个月都有新鲜版面的杂志了。接下来，我们将学习怎样设计杂志的版面。

用 轻松愉快的版面传递资讯

杂志里有许多有趣的资讯，相信大多数做设计的人都从小爱看杂志，对杂志的魅力有着亲身体会。

作为一名杂志编辑，必须在规定的时间之内将最新的资讯送到读者手中。有的杂志是月刊，有的则是双月刊。而且杂志涉及的领域不同，工作上的安排也各不相同。但一般都是每天必须编辑好几页，最快七到十天就要完成一本。在这种情况下，掌握高效且准确的排版技术就显得很重要了。但身为杂志编辑，最重要的是要有想法，有想法才能制作出突显内容的版面，让读者保持持续的新鲜感。

本次实践任务

这是一个虚构的杂志项目。项目内容是编辑一本面向女性的美食专刊。杂志的内容和取材地点都已定好。

专刊扉页，根据专刊的主题制作而成。最好事先询问一下设计师的意见。

紧接在专刊扉页之后的首张双联页。这种排版适用于开篇介绍，或一些需要重点报道的特色内容。

专刊扉页之后的第二张双联页。其中介绍了多家店铺，而且排版很有节奏感。

杂志的特点与纸型

我们普遍觉得杂志用的是较大的纸型，但其大小其实取决于其自身的特点。多采用凹版印刷的杂志（如时尚杂志等）一般选用较大的纸型，而读物类的杂志则多选用较小的纸型。

出版社经常一次性大量采购印刷用的纸张，因此，杂志所用的纸型一旦确定，就会沿用该纸型。杂志的页数则会根据杂志内容和广告的量而有所增减。另外，如骑马订等没有书脊的装订方式，比平订等有书脊的装订方式看上去更随意些。

《VERY》2016年11月号（光文社）

加宽A4

大部分豪华版杂志和女性时装杂志都会使用加宽的纸型。例如加宽A4就比普通A4宽，宽度达232～ 235mm，但其高度和普通A4一样是297mm。

《摄影生活》第18期（玄光社）

A4（标准/变型）

A4是我们办公时常用到的纸型，正因我们对其非常熟悉，所以A4也给人以“严肃”和“正式”的印象。长度缩短了的A4变型纸，虽然在尺寸上比加宽A4小，但它和加宽A4一样，有加宽页面的效果。图片较多的杂志经常使用这种纸型。

《周刊文春》2016年10月27日号（文艺春秋）

B5（标准/变型）

B5比A4小一圈，拿在手上比较舒服。使用时可以充分利用整个版面，使用横向排版。刊载长篇读物也可以使用竖向排版，每页分为2~4栏。周刊和一些专业期刊多使用B5纸型。长度稍短一些的B5变型也很常见。

《ALL读物》2016年11月号（文艺春秋）

A5（标准/变型）

便于拿在手上阅读，常用于以文字为主的文艺杂志和报道杂志等。文字排版既可横排也可竖排。硬皮书多采用32开的纸型。与32开相比，A5的版面更大，可以使用一些比较占用幅宽的设计。

HINT 杂志书号

商业出版物要在市面上畅通无阻地流通或贩售，必须在表面打上ISBN书号和条形码。

制作封底时，封底下方一般都会留出空间给条形码和书号。

先排版与后排版

杂志这类的版面设计讲究效率，且重视设计性，因此一般都是先排好版，定好文本摆放区域后再写文稿。

后排版则是先把文稿、照片和插图等素材全部准备好，再进行排版。自从可以在电脑上进行排版后，越来越多的杂志都开始采用后排版了。

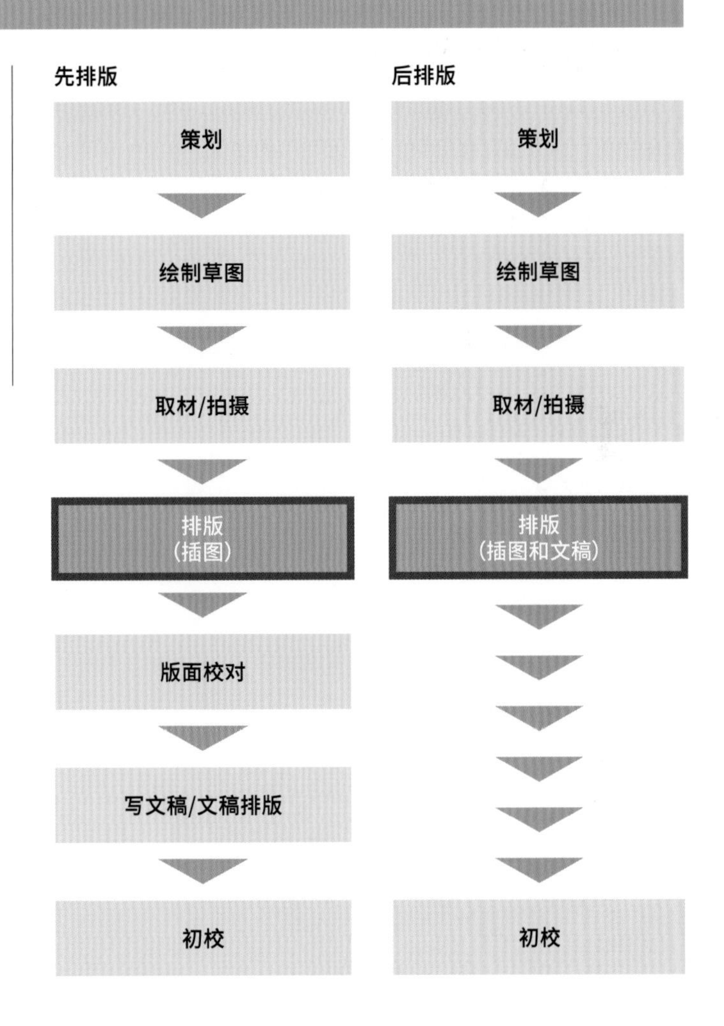

HINT 先排版的优缺点

先排版最大的优点是，可以给设计师和撰稿人留出充足的创作时间。一旦定下杂志的大纲，设计师就可以马上开始排版。撰稿人也可以利用这段时间查阅资料和撰写文稿。

而后排版则非常单纯——先做好所有准备，然后一口气排好版。先排版对撰稿人的要求比较高，撰稿人必须能够巧妙地控制好文稿的字数。如果撰稿人和专家所写的文稿之中包含一些编辑无权删减，或者无法提前确定篇幅的内容，那先排版的难度就会加大。

对于先排版的版面校对稿，在排版前一般都要先准备好大小标题和解说词等。如果对标题数量有要求的话，也必须事先提出，并准备好相应的材料。

绘制/商议草案

各类媒体在设计版面之前，都需要画出草图，商议方案。但商议时间、工作人员的负责范围则因媒体而异。若想让版面设计和策划方案协调一致，建议设计师先画好草图，并和编辑共同探讨出设计方案，然后根据设计方案来取材和拍摄。尤其是需要植入广告，或者委托人和编辑并非同一人时，必须尽早探讨出设计方案，明确设计方向。设计师的草图才是整个项目的实施方针。

所有工作人员在取材前对成品形成一个大致的印象，版面才能确定基本布局。如果是编辑主导的项目，或者工作人员之间比较有默契的话，有时也会由编辑拟订方案，并在取材后画出设计草图。

方案A

裁剪照片
Ph2
Ph3
Ph4
Ph5
4~5张照片
标题
标题
3 2

宣传标语
美食照片 Ph
Ph Ph
短评
标题
5 4

美食路线
美食照片或街景照片
Ph Ph Ph Ph
说明文字 说明文字
Ph
7 6

预备方案。设计中肯，信息排布比较紧凑。但开头只有一名模特，没有突出团体出游的感觉。

方案B

标题
标题
3 2

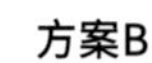

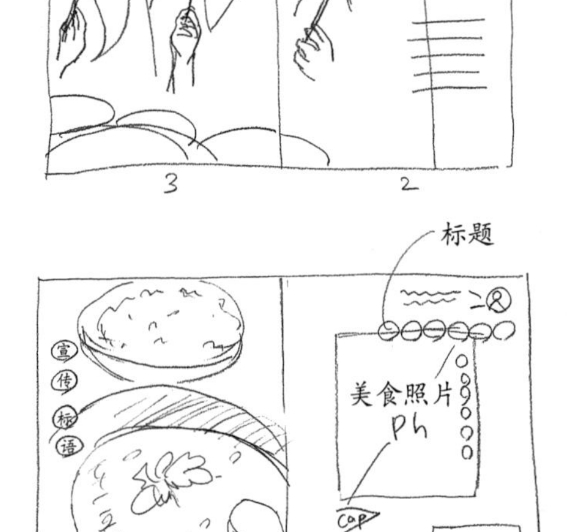

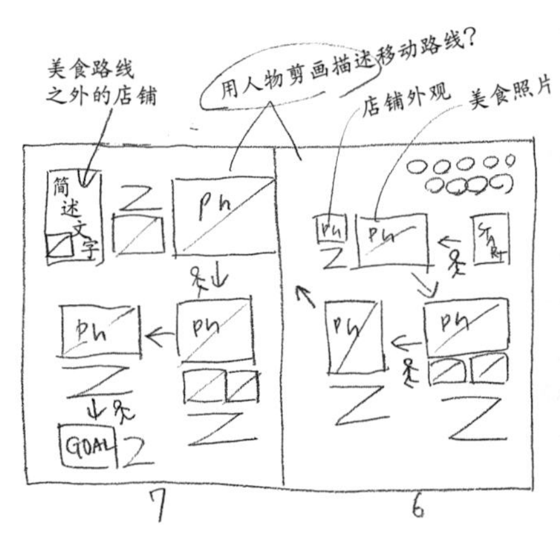

被采纳的方案。照片的排布散发着一种跃动感，如果在取材前出具方案，摄影师基本会根据草图制订并落实拍摄计划。

版面格式

这次我们将会采用自由版式设计，对跨页进行排版。天头、地脚、订口、前口的页边距设置得较宽，可为排版提供较大的自由空间。

页码放在前口一侧，如果图片边沿紧贴裁切线，就无须标注页码。

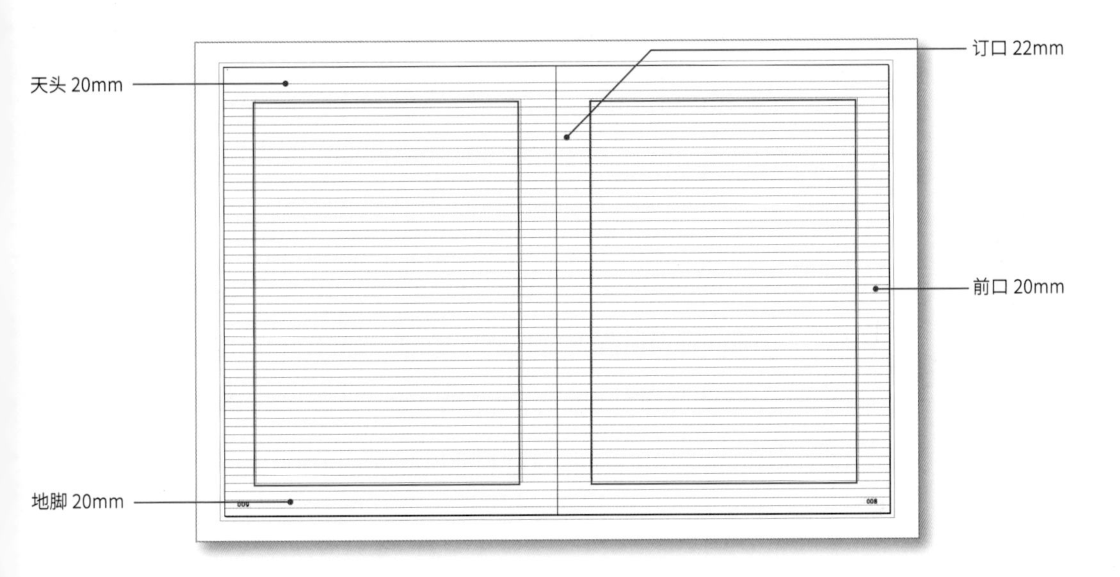

基本字体

杂志正文等的字体和格式基本都是规定好的，即使有多个设计师参与，也必须要按照统一的标准进行排版。

→“秀英黑体银L”

由大日本印刷株式会社（DNP）开发的一种古典字体。字体细长大方，看起来很舒服，因此深受广大读者的喜爱。

→“小号黑体 W3”

一种专门开发的现代字体，用于杂志图片的说明文字。字体较小，在视觉上能起到衬托作用，和时装杂志常用的DIN字体十分匹配。

导语
秀英黑体银L
16Q 32H

今年でオープン15年の、松陰神社商店街では老舗の域に入ったカフェ。

正文
秀英黑体银L
13Q 21H

今年でオープン15年の、松陰神社商店街では老舗の域に入ったカフェ。カフェブームの先駆け的存在で

说明文字
小号黑体+DIN W3
9Q 13H

今年でオープン15年の、松陰神社商店街では老舗の域に入ったカフェ。カフェブームの先駆け的存在でもある。

扉页标题字体选用技巧

扉页是吸引读者进入阅读的入口，一定要开个好头，将充足的信息传达给读者。

但扉页始终不同于封面，对读者的购买意愿没有决定性的影响，是一个和读者对话的地方。因此，在扉页排版的时候不必思虑太多，努力做出个性和惊喜感即可。

不同的设计方案会让文字呈现出“自然搭话”“大声呐喊”“低声呢喃”等不同的效果。我们需要根据文字内容选出最合适的一种，以达到理想的呈现效果。

但是，有些杂志的标题字体是有规定的。这时，版面平衡、字体大小和颜色等要素就会成为突出标题的重要因素。

此外，还可以利用西文或边框，为版面添加一些个性特色。

标题
秀英黑体银B
34Q
字间距30

せたがやハシゴ飯

大标语
秀英黑体银B
65Q
字间距40

せたがやハシゴ飯

大标题
秀英黑体银B
120Q
缩紧字间距

せたがやハシゴ

大标题选用了120Q的特大号字体，字体颜色设为淡紫色，然后反转颜色，形成一种带描边效果的、有趣又特别的艺术字。

出血与插图排版技巧

推镜头和拉镜头是拍摄视频的常用手法，也可以应用到版面设计中。只要巧妙地利用页面的空白，就能制作出带有推拉效果的版面，而且还可以预留出血。

页边留空，左右对称排版。这种排版能留给人一种高档整洁的印象，但要注意图片的构图不能太单调。

拉伸图片，让图片覆盖天头部分，订口也尽量不要留空。给版面带来变化的同时，也留下了足够的空白区域。

图片向天头和前口拉伸，两边都不留空白。图片的比例有了明显的变化，大大改变了整体印象。这种排版和相邻页组合起来，能在跨页上留出L形的空白区。

本例采用的方案，图片占据了整个页面。把说明文字放在图片上时，要注意文字的显示效果。

从细节上修饰版面

其实排版的细节部分具有极高的娱乐性，只要在字体、颜色、插图、短评上多花些心思，就能给版面增添不少活力。

本版采用了自由版式设计，并规划了一条美食路线，将店铺外观、美食照片、说明文字和正文等素材串连起来，紧扣美食攻略的主题。

1 字体装饰艺术

日语和西文中，有许多极具个性的免费字体。一些外形扭曲难辨的字体，虽然不适用于主标题和正文，但作为修饰或点缀，却可以给版面带来一种独特的氛围。

ABCDEFGHIJKLMN OPQRSTU
abcdefghijklmnopqrstuvwxyz 1234

Eraser Dust，一种像粉笔字一样的字体，能让人联想到餐厅黑板上手写的菜单。

上町在住フードライター○○さんおすすめ!
足を伸ばしてみよう!

这种可爱的手写文字，是在网上用字体转换器转换的免费字体。SHIFT-JIS字库中也有这种类型的字体。

2 手绘风格的虚线边框

InDesign和Illustrator中，有许多预设的边框样式供我们选择。如果用实线边框，会显得有些死板。

因此，我们可以通过添加滤镜，或将边框四角变成圆角，以及略歪斜线条等方法，设计出比较柔和的手绘风格的边框。

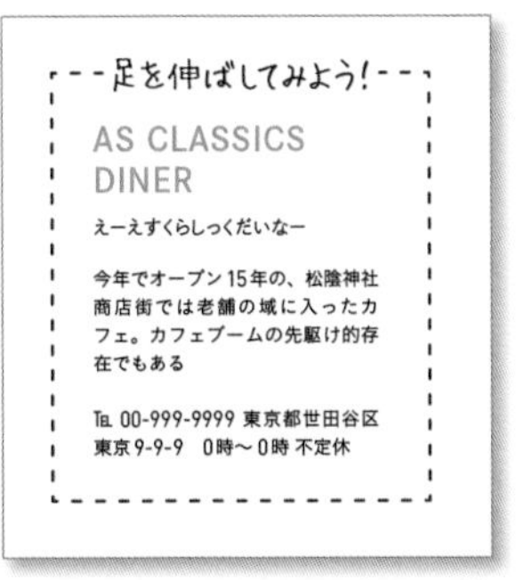

利用InDesign制作间距为1mm的虚线边框。

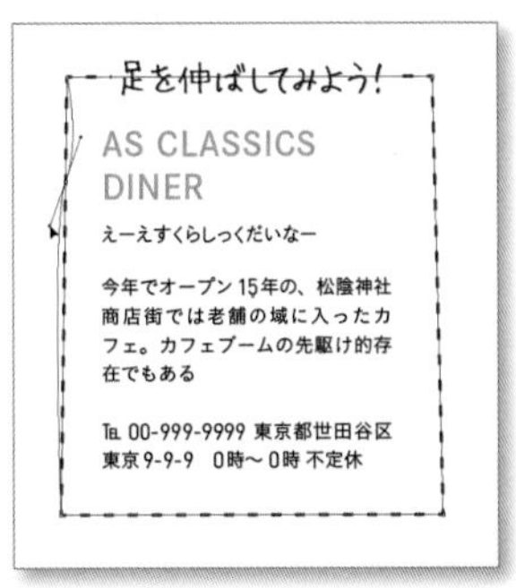

选择“添加锚点工具”，在边框上添加多个锚点，然后拖动鼠标改变边框形状，并让四个角变成圆角。

“对象”菜单中的“角选项”可将矩形的角变成圆角。

从“对象”菜单的“效果”中选择“基本羽化”，然后在“羽化宽度”和“收缩”输入框中输入适当的数值。角点选择“锐化”，杂色调至“100%”。

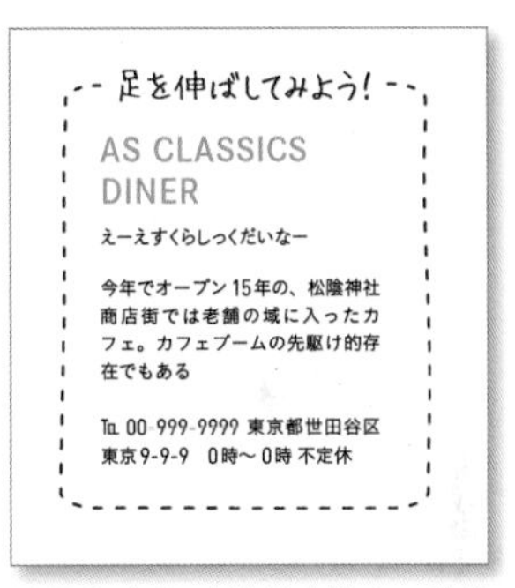

设置完成后，虚线就会带上一种粉笔画的风格。

3 手绘风格的素材

想得到自然的手绘风格素材，最好的方法就是扫描画稿，将其转换为位图图像输入计算机之中。当然也可以用Photoshop或者绘图软件直接画出来。

本例所采用的手绘风格素材是从外部导入的。由于这里直接选用了一个背景透明的PNG格式的位图图像，所以能通过在Photoshop中创建颜色填充图层，改变图像的颜色。

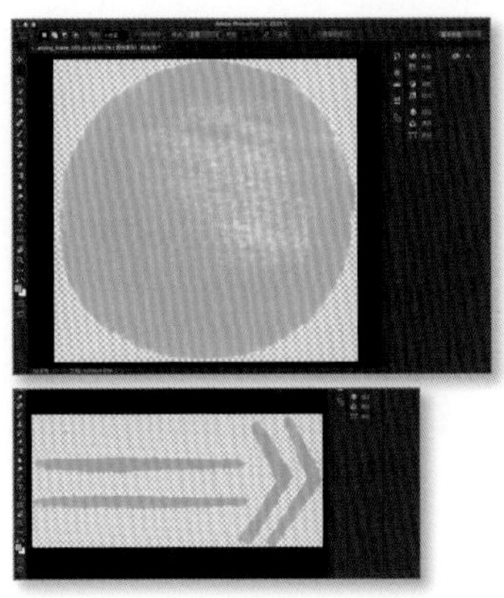

先准备好一幅背景透明的手绘风格位图图像。

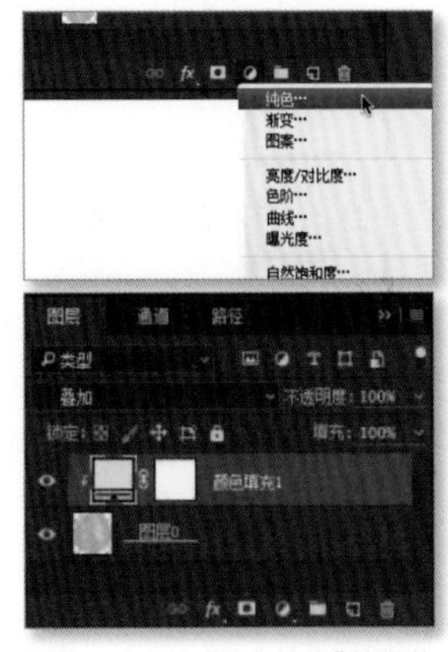

制作一个具有“纯色填充”效果的图层。

之后，只需双击该图层的黄色调色板，就能随时变更填充图层的颜色。

Book

示例协助制作：野口里子　照片：丸毛透、源贺津己　撰文：宫崎绫子　协助：PIA

实践：书籍护封

包在书本外面的护封，不仅能保护书本不受损坏，还能修饰书本的外观。护封设计是出版物设计中比较具有代表性的一种，涉及了多种设计技巧。

在书店抓住读者的心！

书籍设计又称书籍装帧设计。从纸张选择到内文设计的整个过程，在广义上都属于书籍设计。但在狭义上，书籍设计仅限于书籍的"商业包装"，也就是护封。

日本的商业书籍历来极为重视护封设计，还会添加腰封，在上面印上宣传或推荐文案。以往腰封都是由编辑设计的。现在，腰封已完全成为护封的一部分，一般会连同封面（书籍本身的封面）一起交由设计师设计。

本次实践任务

某出版社委托你为他们出版的一本商业书籍设计护封。本书内容主要面向喜欢猫的读者。书的标题及尺寸都已确定，而设计要求只有一个，就是护封要使用猫的照片。

《猫手相》1200日元+税（PIA出版）

查看拼版表

开始设计护封时，书籍尚未完成的情况也不少见。因此，要通过查阅拼版表或询问编辑和作者，方能了解书籍的内容。

「ねこてそ」〜ウチねこのキモチがわかる飼い主とねこのためのコミュニケーション・ブック」

A	B	C	D	E	F
台割案			A5正寸本 P128パターン	イラスト	
1折	1		本扉		
	2		[illegible]		
	3	プロローグ	ねこのキモチや本当の性格、わかっていますか？		
	4	巻頭マンガ	猫好き手相師の[illegible]先生、家に帰って猫たちを観察していると…	●	
	5	↓	…猫にも手相がある！ことを発見。ねこにも手相はあるです。	●	
	6	↓	うちの子の性格、本質、飼い主との相性から育て方まで	●	
	7	↓		●	
	8	目次	本書の目次		
	9		↓		
	10	グラビア1	ネコ写真　or 白 orイラスト		
	11	グラビア2	タイプ別ネコ写真（猫のひとこと紹介や性格コメント入り）		
	12	↓	↓		
	13	↓	↓		
	14	↓	↓		
	15	↓	↓		
	16	↓	↓		
2折	17	1. ねこの手相入門、診断編			
	18	1.1	[illegible]先生解説：肉球のココを見ます（写真入り）	●	イラスト[illegible]
	19		↓	●	
	20		↓	●	
	21		↓	●	
	22		実践！　ネコの手相はこうやって見よう	●	猫の[illegible]
	23		（イラスト中心、注意点なども）	●	
	24	1.2	大きくわけて5つのタイプがあります！（キャラクター登場）	●	各キャ[illegible]
	25		↓	●	
	26		↓	●	

未完成书籍的拼版表以及策划会议上所使用的页面缩略草图。

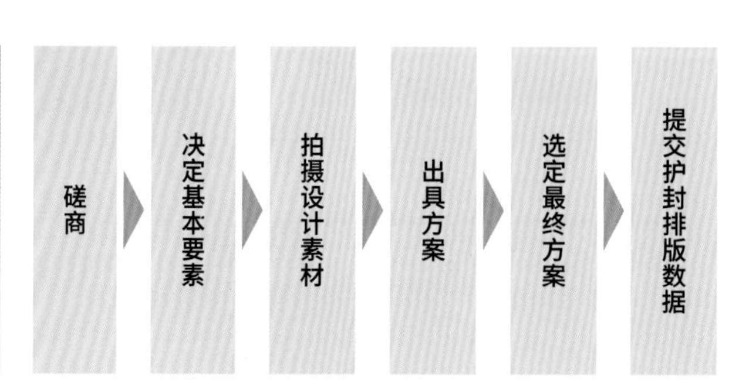

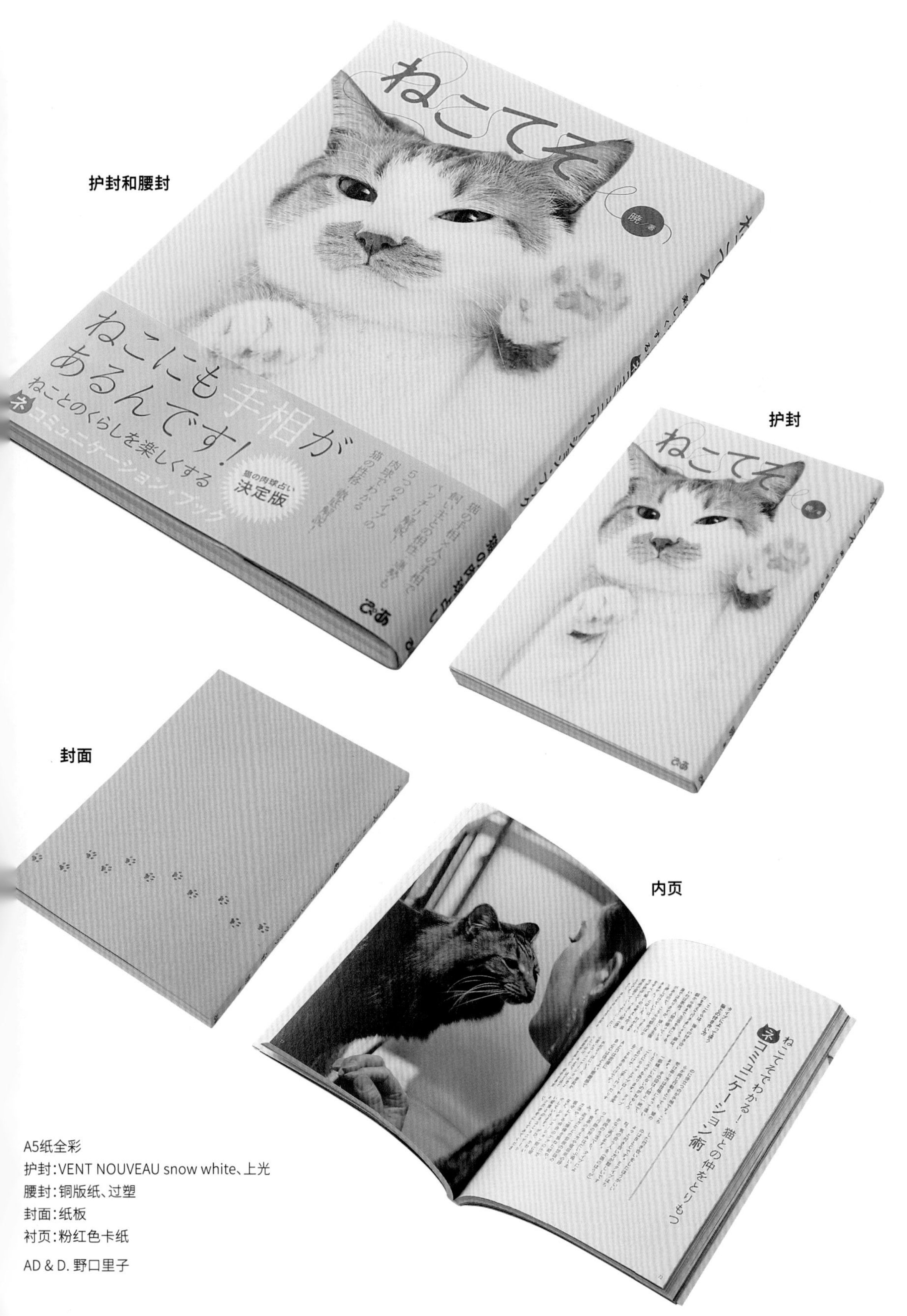

护封和腰封

护封

封面

内页

A5纸全彩
护封:VENT NOUVEAU snow white、上光
腰封:铜版纸、过塑
封面:纸板
衬页:粉红色卡纸

AD & D. 野口里子

护 封成品分析

书名放在左上角。横向标题放在这个位置最为显眼，且摆在书架上供人挑选时，不易被其他书挡住。

照片背景一直拉伸到书脊，将猫脸放到最大（左耳尖靠近折叠处）。

ねこてそ
暁／著

ねこてそ
ねことのくらしを楽しくする ネ コミュニケーション・ブック
暁／著
ぴあ　ぴあ

前勒口。读者翻开书后，会自然地将视线投向这里，所以一般会在这里写上书本的简介等。

对勒口的宽度并没有明确规定，不过也有种说法认为，宽度应占到书前封的三分之二以上。勒口宽度越长，护封就越难脱落，可避免看书时护封松脱。但短也有短的好处，那就是节约纸张。

商标和出版社名应放在书前封、书脊或腰封上。具体如何排版取决于出版社。

腰封采用四色印刷，印有照片上的一部分猫爪，看起来更加富有立体效果。

将宣传标语和副标题印在腰封上，字体越大越显眼。解下腰封后，还能彰显出护封的简约大气。

除了图片外，这种设计的其他部位基本采用“反白”，以及褐色和薄荷绿的双色印刷就能完成。一般腰封以单色印刷和双色印刷居多。

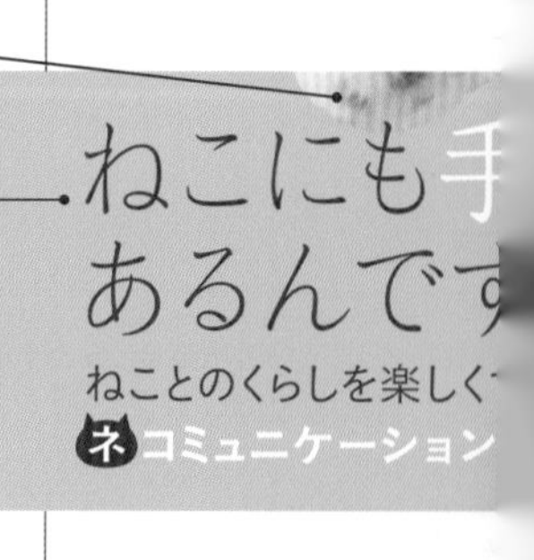

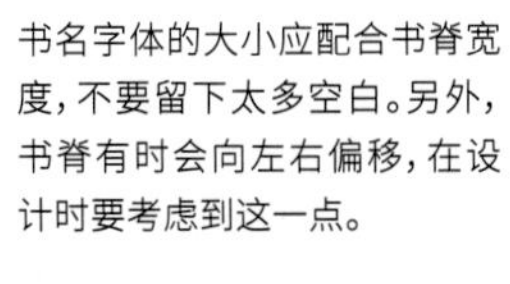

书名字体的大小应配合书脊宽度，不要留下太多空白。另外，书脊有时会向左右偏移，在设计时要考虑到这一点。

※ 按照现在的书籍制作流程，在书籍完成后通常会使用全自动护封腰封包装机包装护封和腰封。这种包装机并不是以书脊为基准进行包装的，而是从书前封一直卷到书后封。因此，书脊有时候会出现偏移。如果设计时忽略了这一点，护封和腰封就会出现错位，显得参差不齐。

在护封上印条形码，供书店的扫码机识别。另外还要印上ISBN书号和价格等。

后勒口一般会在此处写上作者的个人简历，有时还会写上最新的书刊资讯。

折页标记。后勒口与书后封折叠处的标记。

腰封的后勒口上一般会印书名，方便管理库存。

这里一般会印上目录或推荐语。

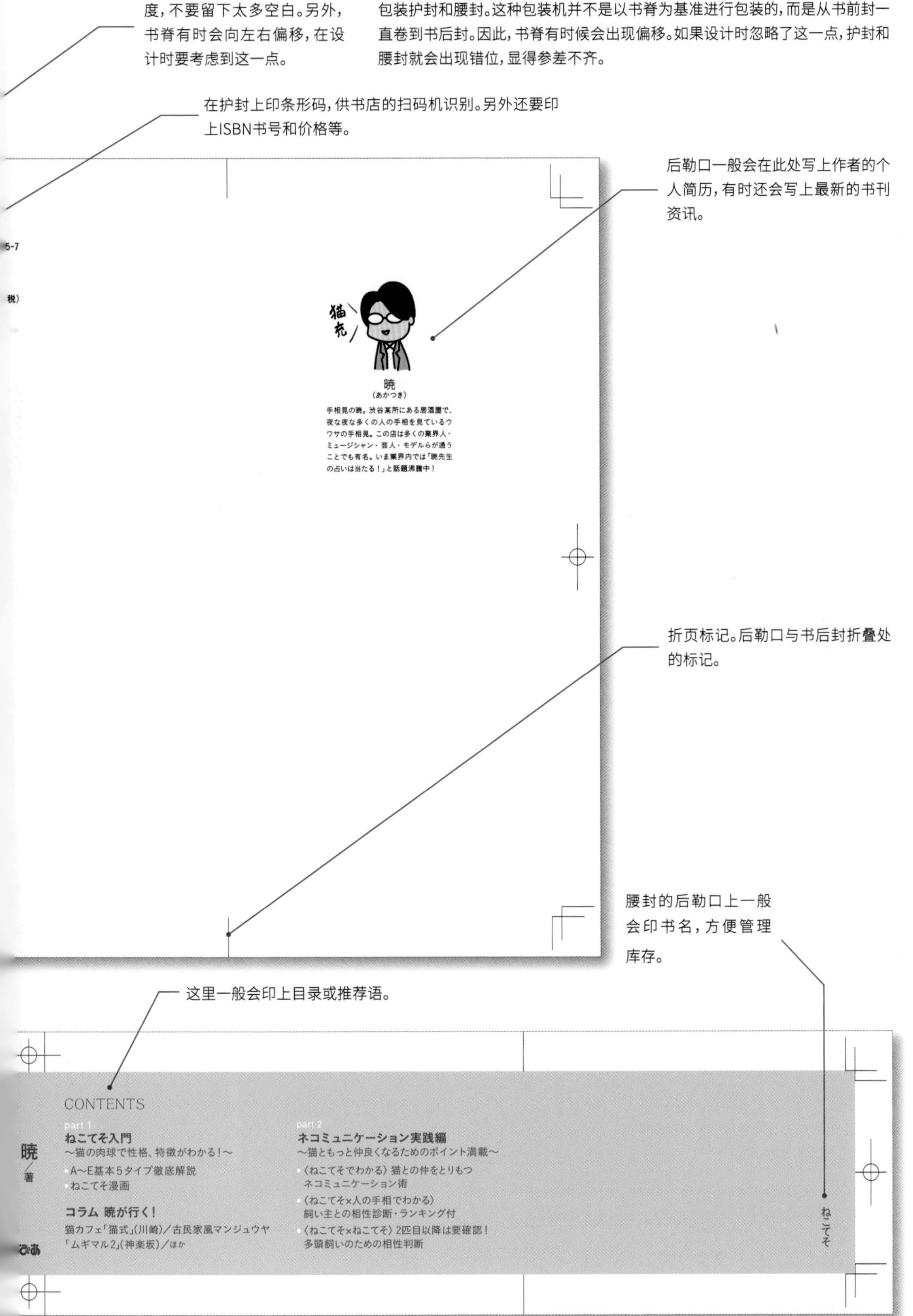

拍摄排版素材

封面、护封和扉页的照片有时需要不断重拍，所以在拍摄前要制订一个严密的拍摄计划，比如拍摄前要做哪些准备，拍摄对象有哪些，模特要摆什么姿势等。

另外，在设计中有时还会用到抓拍的照片。因为抓拍本身也是一种独特的“拍摄风格”，而且最近用iPhone快拍技术也可以拍出质量很高且有现场感的照片。

有时候护封的模特不一定是人，也有可能是动物，就像这次。有时实际情况并不一定遵循设计方案，这种时候就需要大量抓拍。

这次主要拍摄模特躺着的照片。由模特的主人小心引导，让它摆出各种姿势。

模特有时会和镜头对视，但马上又会别开视线，这时就要快速连拍。

猫模特：EMI　摄影：源贺津己

制定草案

集齐护封的照片和书名等材料后，就可以开始制定排版方案了。腰封的文本信息一般不会这么快定下来，但套上腰封后，外观印象会发生很大的变化。所以在设计护封的同时，还要结合暂定的文本信息设计好腰封。特别是这次选用的照片整体偏白，腰封的颜色非常关键。

本书的主题是“猫的手相”，因此本书重点是围绕着猫咪的肉球展开的，所以制定方案的时候也主要选择能看到肉球的照片。

每一个方案乍看之下都非常可爱！而且上面的信息既精简又清晰，可直接摆放在书店的宠物或实用指南书架上，让读者对本书类别和大致内容一目了然。最后结合销售、编辑、作者等相关人员的意见，采用了方案A。

各类方案

方案A的设计，以猫咪的躺姿照为主。
书名的设计看起来就像在玩毛线球。

方案B的设计，猫咪肉球清晰可见。
书名的设计很简朴，但其中一个字稍做加工，拖出了一条猫尾巴。

方案C的设计，将肉球放在腰封上。
照片充分展现了猫咪可爱的一面，然后将扣题的任务交给腰封。书名也采用了非常可爱的自由字体。

方案D的设计，选用的照片和方案B类似，但改变了书名的字体。
猫类的性格各异，书名也紧扣这一点，每一个字都采用了不同的设计。

设计护封

护封的尺寸都是参照装订样本的尺寸计算出来的。制作平装本时，除了书脊宽之外，其他数据基本不用更改。

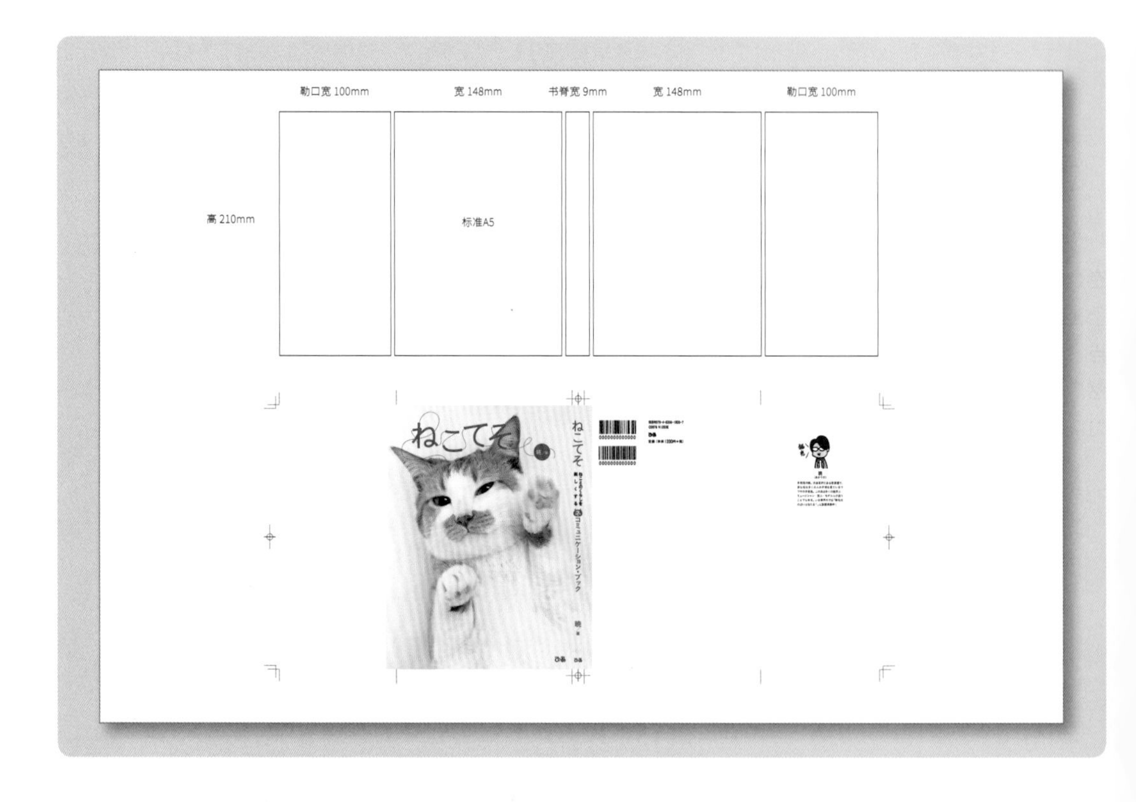

1 新建文档

使用InDesign设计时，先从“文件”菜单打开“新建文档”。注意不要勾选“对页”。然后设定页面大小，输入各部分宽度的总和。

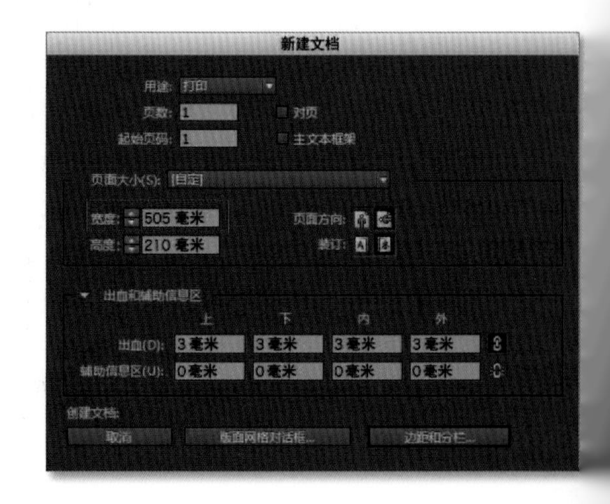

装订样本

印刷厂用白纸制成的书籍装订样本。

2 更改辅助信息区

辅助信息区数值默认为“0”，但如果需要印上折页标记，就要增大辅助信息区。这里将数值改为“10mm”，然后点击“新建边距和分栏”，制成新文档。边距可以自由设置。

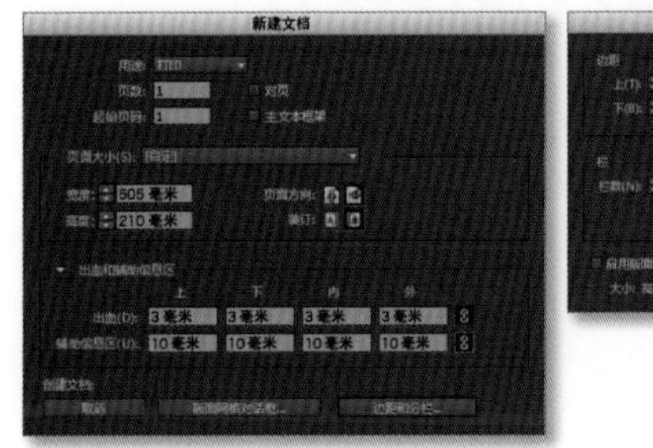

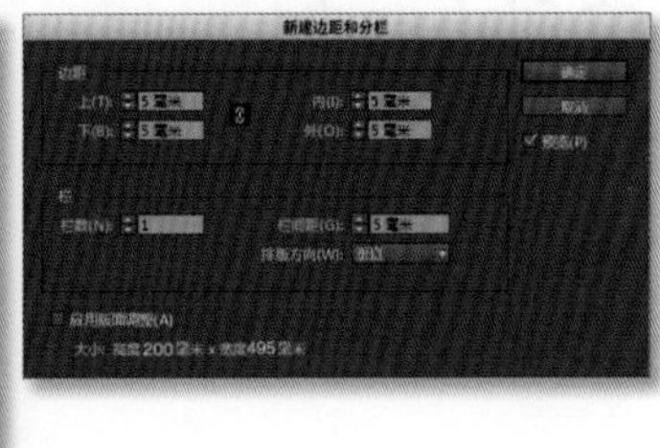

3 绘制参考线

新建文档后，可以看到一个空白的护封版面。接下来就要在上面绘制参考线折页标记的位置。点击左边标尺拖出一条参考线，然后在菜单栏上方的“X”栏里输入“100”，再按回车键。

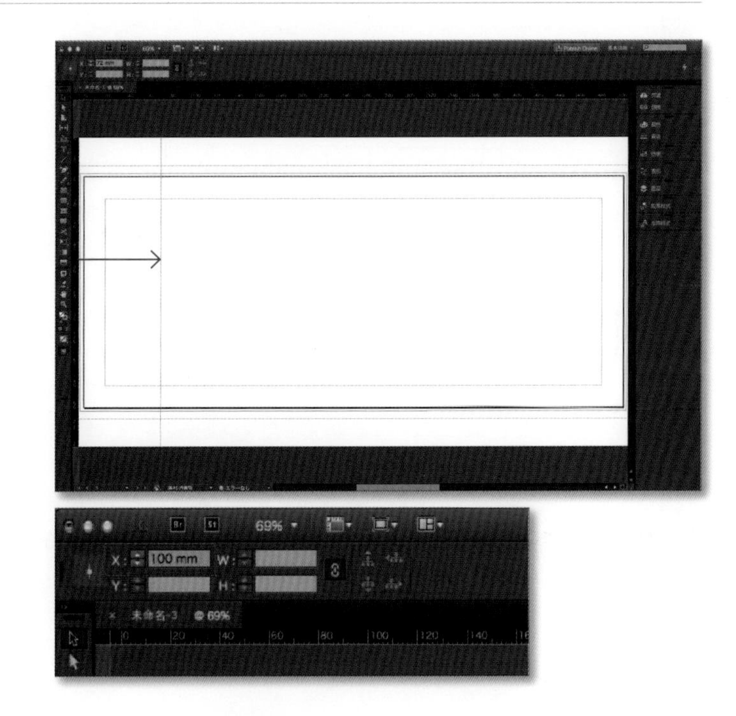

4 利用选择工具复制参考线

选中第3步中制成的参考线，然后双击选择工具，跳出“移动”对话框，在水平栏中输入移动距离，点击“复制”。重复这一步骤就可以制作出所有参考线。

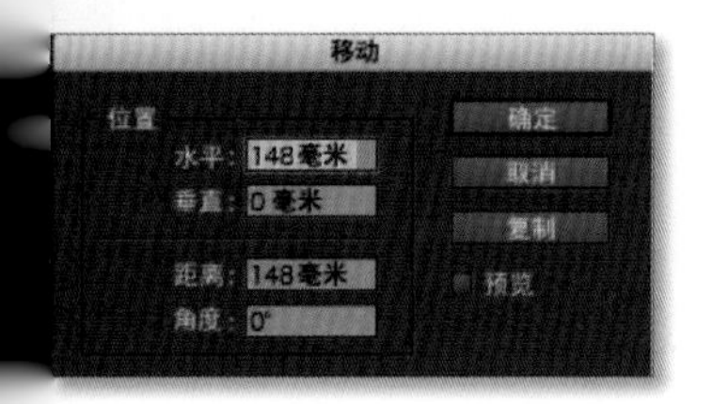

5 绘制折页标记

沿着参考线绘制折页标记并设定标识颜色。将折页标记放在新的图层上并置于最上方，这样能避免折页标记被其他素材遮挡。

HINT 印刷折页标记

如果忘记设置“辅助信息区”就无法印刷折页标记。另外若要自己画标记的话，应把尺寸调大一点。

实录!护封的校对和修改方法

确定好的护封设计方案，有时也未必会直接采用。因为方案出来后，还要考虑到销售地点的实际情况，咨询销售负责人的意见，或请示上司（最高负责人）和作者，然后进行反复的修改。因此，设计师必须和相关人员多交流，仔细斟酌校对意见，综合各方面的意见，找出合适的修改方案。

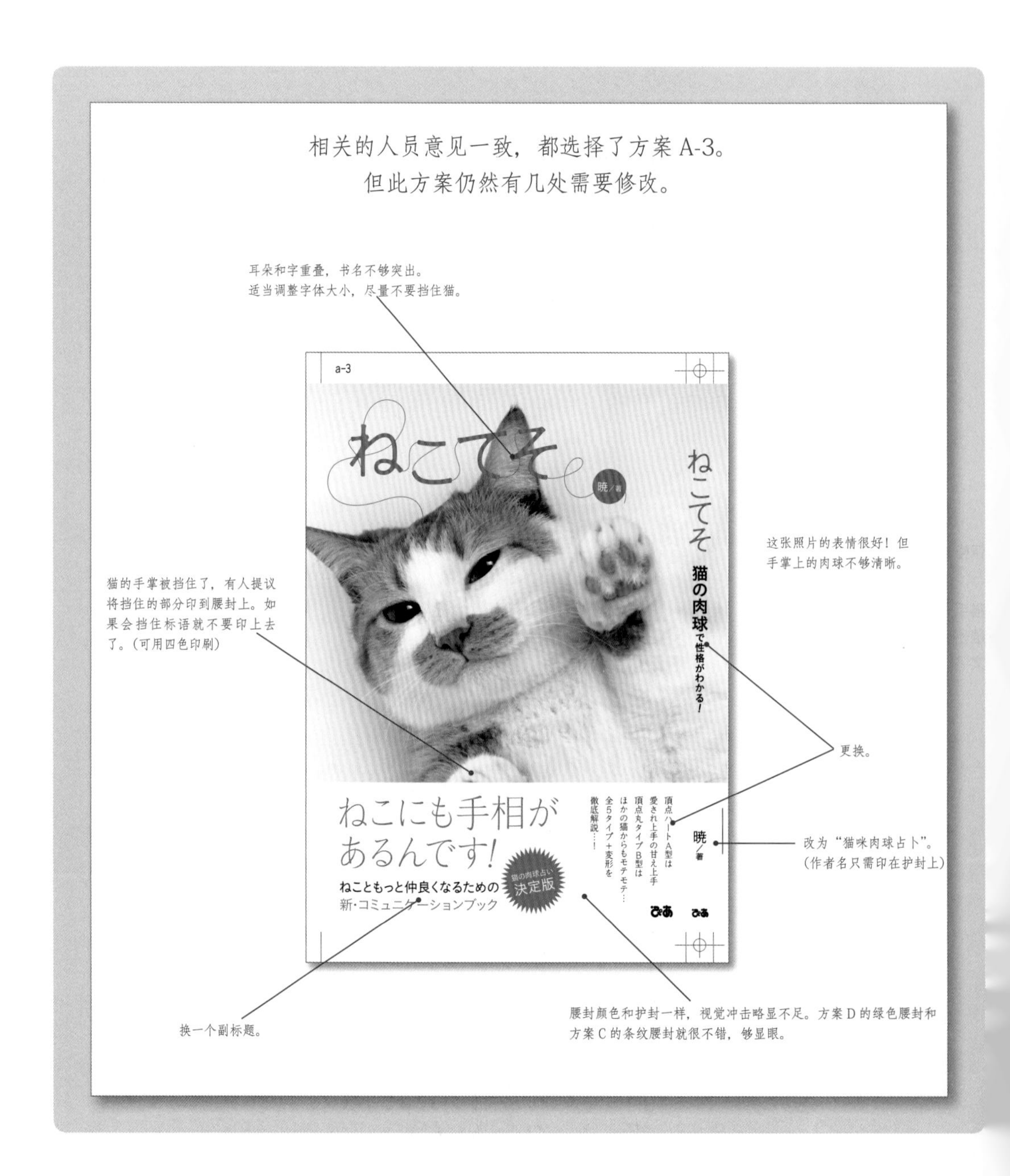

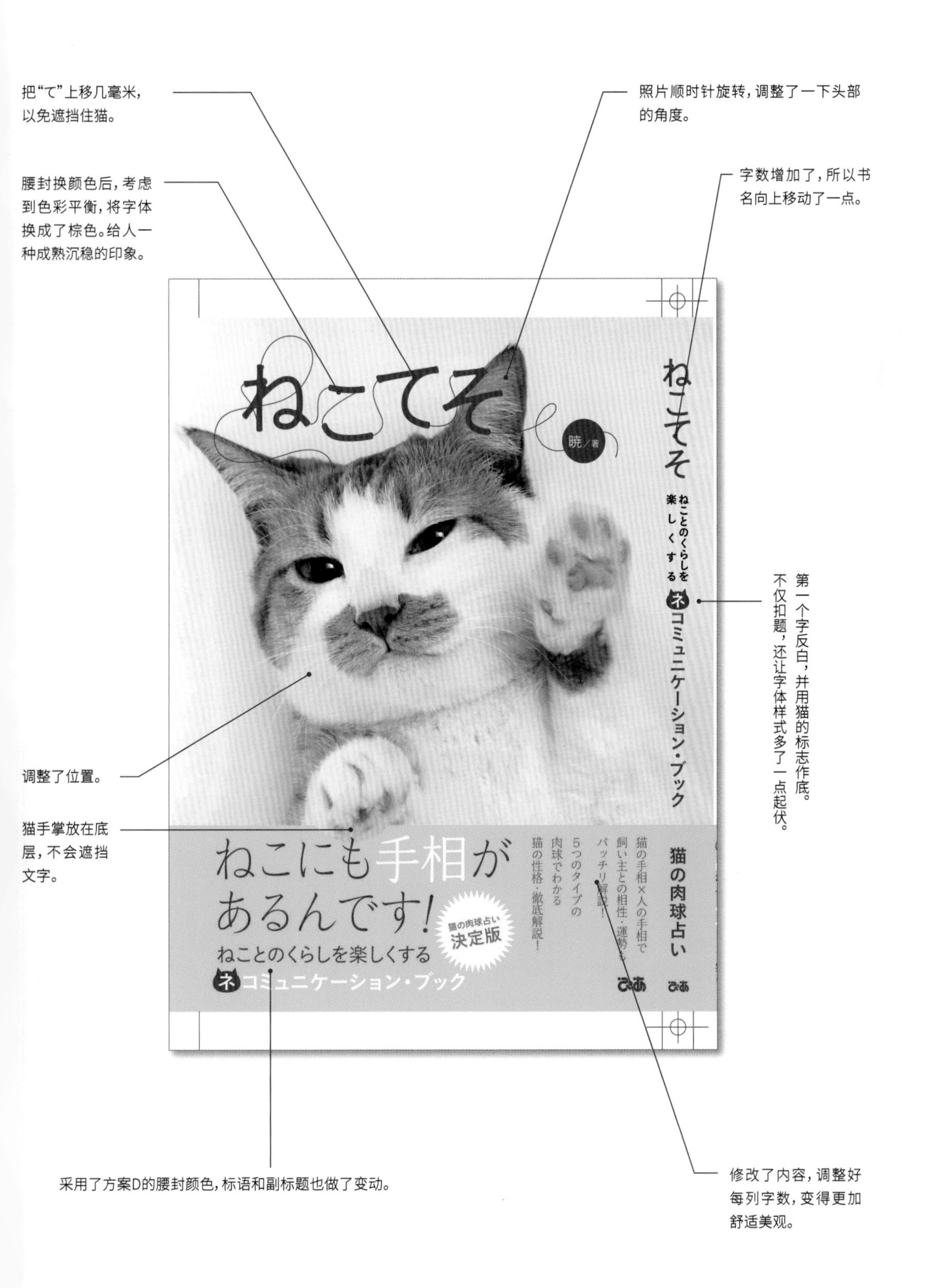
把“て”上移几毫米，以免遮挡住猫。
照片顺时针旋转，调整了一下头部的角度。
腰封换颜色后，考虑到色彩平衡，将字体换成了棕色。给人一种成熟沉稳的印象。
字数增加了，所以书名向上移动了一点。
第一个字反白，并用猫的标志作底。不仅扣题，还让字体样式多了一点起伏。
调整了位置。
猫手掌放在底层，不会遮挡文字。
采用了方案D的腰封颜色，标语和副标题也做了变动。
修改了内容，调整好每列字数，变得更加舒适美观。
ねこてそ
暁／著
ねこてそ
ねことのくらしを楽しくする
ネコミュニケーション・ブック
ねこにも手相があるんです!
猫の肉球占い 決定版
ねことのくらしを楽しくする
ネコミュニケーション・ブック
猫の手相×人の手相で
飼い主との相性・運勢も
バッチリ解説!
5つのタイプの
肉球でわかる
猫の性格・徹底解説!
猫の肉球占い
ぴあ
ぴあ

示例协助制作：Maniackers Design　拍摄：丸毛透　协助：MyPia

实践：重新塑造商店用品

面包店里各种用品都带有自家店铺的特色，本例将会以用品原有的设计为基础，探究如何更新设计。同时也会对更新设计的理由及更新重点进行一番探讨。

四十年传承老店的特色

可口可乐、苹果、IBM、乐天、Sony等著名企业，都曾改变过自己的商标，相信也有不少人都见证过其中的变化，但同时对此心存疑惑。比如2015年google改变商标的事件就引发了不少热议。

商标可以说是企业或商店的人格展现，是一种象征，也是一种将企业特色具象化的标志，所以不宜随意改动。但同时，商标的设计也必须顺应时代的发展，落后的设计不仅有损企业精神，甚至会对企业的最新成果产生负面影响。因此定期寻找契机，改变商标也是一个非常重要的经商手段。

随着企业规模的扩大，商标或品牌还会出现分化，有时一个产品就有一个品牌，但这种战略仅限于产品。一般来说，一个企业只会为自己塑造一种企业品牌形象。因此，作为企业品牌形象的视觉标识，企业商标就显得尤为重要。在本例中，企业品牌形象就体现在店名上。

本次实践任务

群马县太田市的面包店MyPia创立于1976年，目前由其创始人的儿子大村田先生继任社长一职。为了保持当地的市场份额，进一步延伸品牌，大村田先生决定重建铺面，并借此机会改进品牌标识，更新商标，进行用品促销。

过去和将来

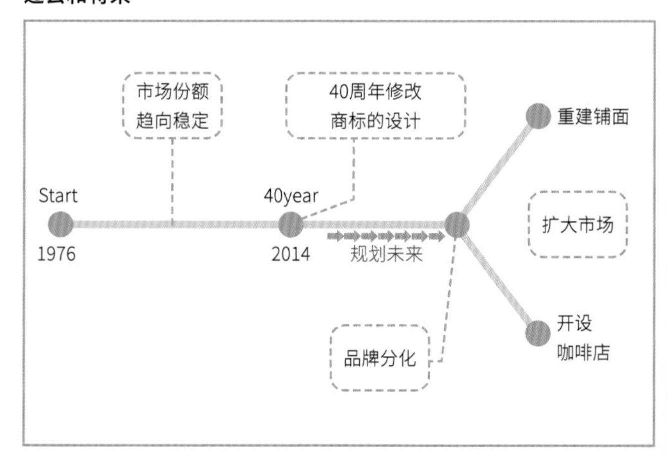

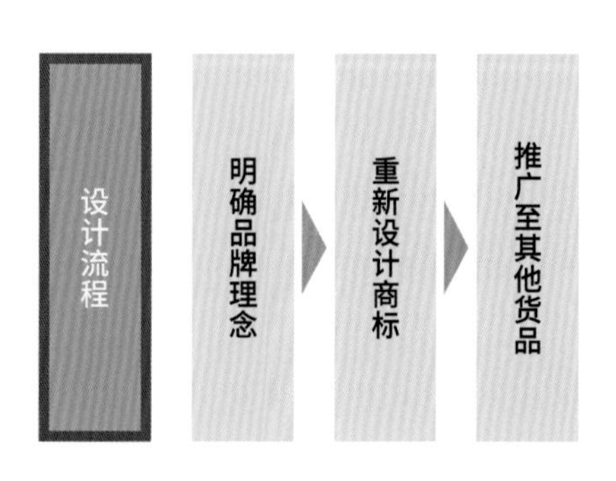

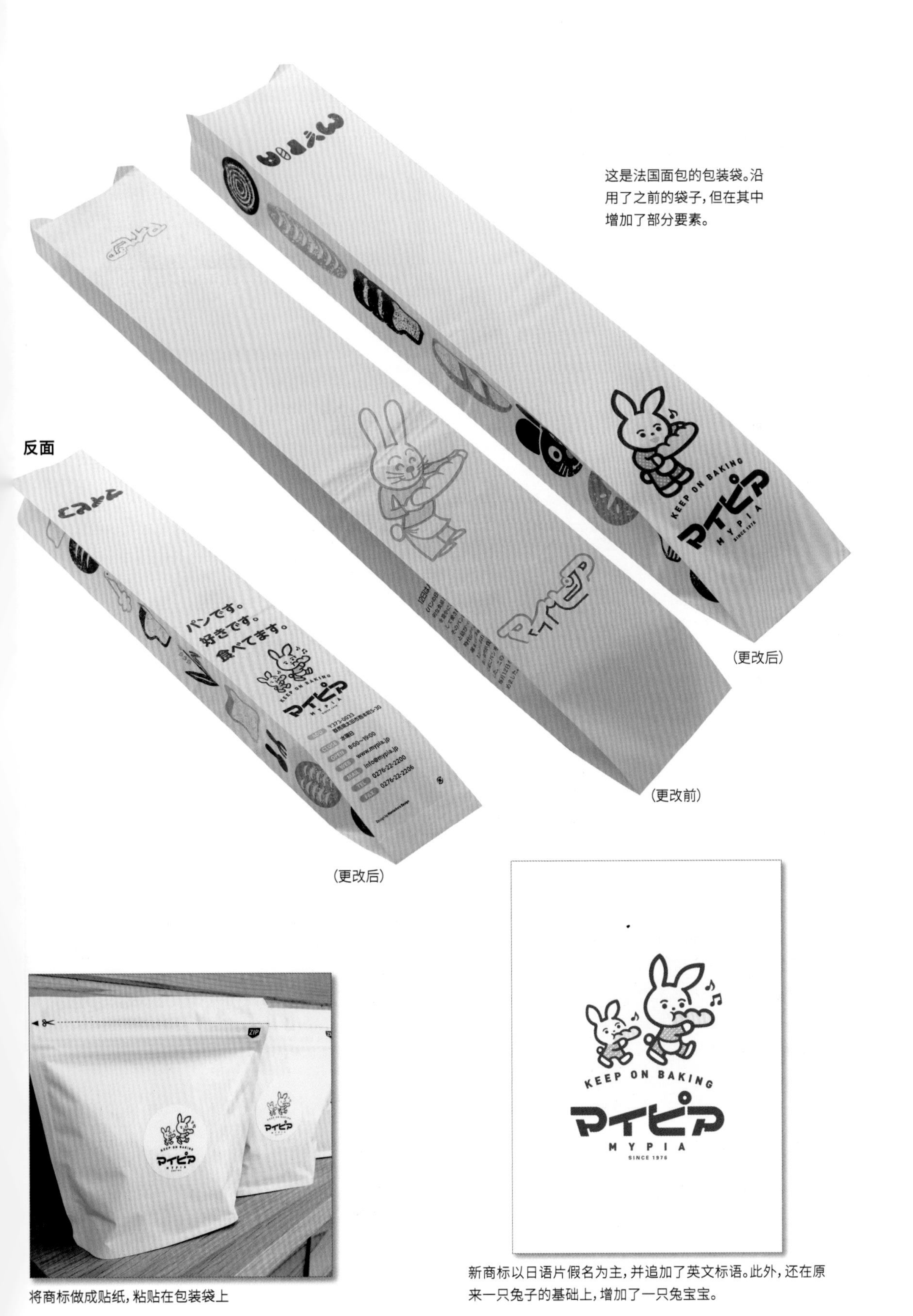

这是法国面包的包装袋。沿用了之前的袋子，但在其中增加了部分要素。

（更改后）

反面

（更改前）

（更改后）

将商标做成贴纸，粘贴在包装袋上

新商标以日语片假名为主，并追加了英文标语。此外，还在原来一只兔子的基础上，增加了一只兔宝宝。

AD & D. 佐藤正幸 D.& Illust. 佐藤麻美

咖啡券

买面包送咖啡券。

印花卡

制作印花优惠券，回馈老顾客。

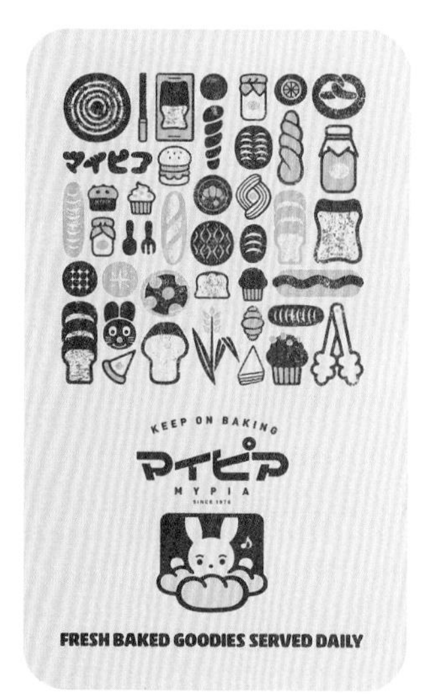

购物卡

堪称店铺名片的购物卡，忠实采用基本款商标，因为它是最具代表性的企业视觉标识。

兔子券

一种代金券，不同面额的兔子券有不同的颜色。

传单

如果在当地做宣传，定期把传单夹在报纸里分发出去是一种非常有效的宣传手段。

修改企业的视觉标识

对企业视觉标识的修改可以分为几个方向。既有像雪印乳业那样彻底改头换面，大幅修改企业商标，甚至是企业名称的；也有像ORBIS或Sony那样以旧商标为基础，一点一点进行调整的。前者明显是为了摆脱以往的形象，而后者则是保持原有的市场份额，并进一步开拓市场。

不管怎样，既然要做出改变，就必须选择一个能带来效益的方案，且带来的效益要超过改变的成本。

本例的商标改动偏于后者，保持原来的设计理念，让设计趋向现代化。

修改商标的必然性与效果

适应时代的变化
以使用10年，甚至100年为前提来制定设计方案，适应时代变化的商标能有效塑造品牌的价值。

树立强势品牌
醒目且有魅力的商标能加深顾客对企业品牌的印象，吸引回头客。而旧商标则能勾起老顾客的情怀。

节约成本
根据统一的企业视觉标识来进行设计，可以节约人力和物力，每次开发新产品时，不必为新产品重新设计商标。

●品牌目标

本例算是一个典型的例子，MyPia的目标是打造“当地的人气店铺”，也就是走长期经营的路线。利润指标可以用“顾客终身价值（CLV）”来表示，CLV指每个顾客在未来可能带来的利润总和。在做宣传和市场活动时，人们总是把目光放在开拓市场，以及“每用户平均收入值（ARPU）”上。但经过高度成长期后，日本已不再处于高消费的时代，对所有企业来说，顾客终身价值都是一个今后不容忽视的重要指标。

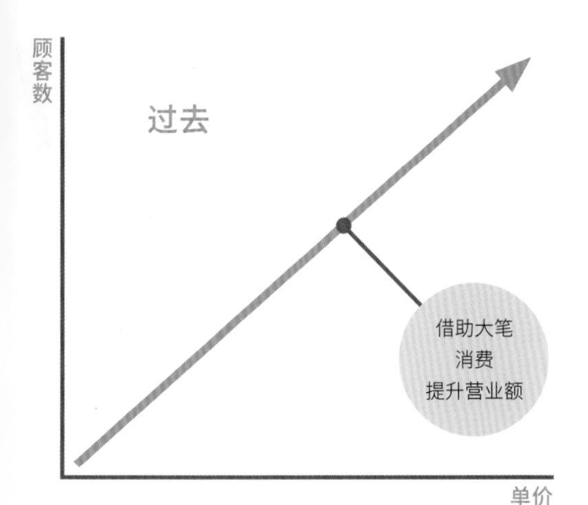

ARPU（Average Revenue Per User）

＋

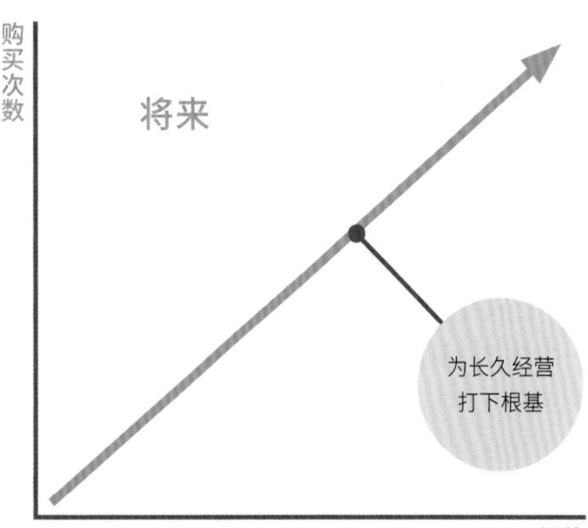

CLV（Customer Lifetime Value）

体现出传承的商标设计

旧商标本身也非常新颖，依如今21世纪20年代的审美来看，是一种具有复古未来主义风格的设计。

KEEP ON BAKING
マイピア
MYPIA
SINCE 1976

マイピア
KEEP ON BAKING
MYPIA
SINCE 1976

新商标沿袭了旧商标的圆润设计，并把线条修直，进行了简化，提升了质感。此外还遵循了将企业口号和商标摆在一起的基础设计理念。

修改一个受人喜爱的商标或品牌的设计，需要承担一定的风险。食品关乎生命健康，所以顾客在选择食品的时候会比较保守。在本例中，商标主体选择了与字形最相配的排布，并追加了具有现代化风格的企业口号，做出了新的突破。

配色也做出了很大的改变。单一的色调方便扩展设计，本例所采用的棕色有种平静的氛围，不但能让人联想到面包，而且是生活中比较常见的颜色，非常适合用来表现慢节奏的生活。

本次图案中的吉祥物增加为三只，构成了一个家庭。但主角只有兔妈妈，偶尔会有母子的搭配（法国面包包装袋上印的是兔爸爸）。以上就是商标和吉祥物的组合方案。

如何拓展设计

商标、配色、吉祥物等核心要素都完成后，不管要将这些东西拓展到什么地方，都会形成统一感。只要定好配色方案及商标的位置，即使其他设计稍微偏离了主题，也会让顾客自然地产生品牌意识。

HINT 无须一次性更换到位

本案例中对视觉标识的修改先从商标开始着手，然后再进一步更换其他方面的设计。同理，对一些较小的品牌或商店来说，要在一天之内将购物卡和包装袋等具有企业特色的东西全部换掉，是较为困难的。可以从最有更换需求的东西入手，循序渐进地使相关物品的设计向新的视觉标识靠拢，这样一来，经过长期经营后，便可形成统一的品牌印象。

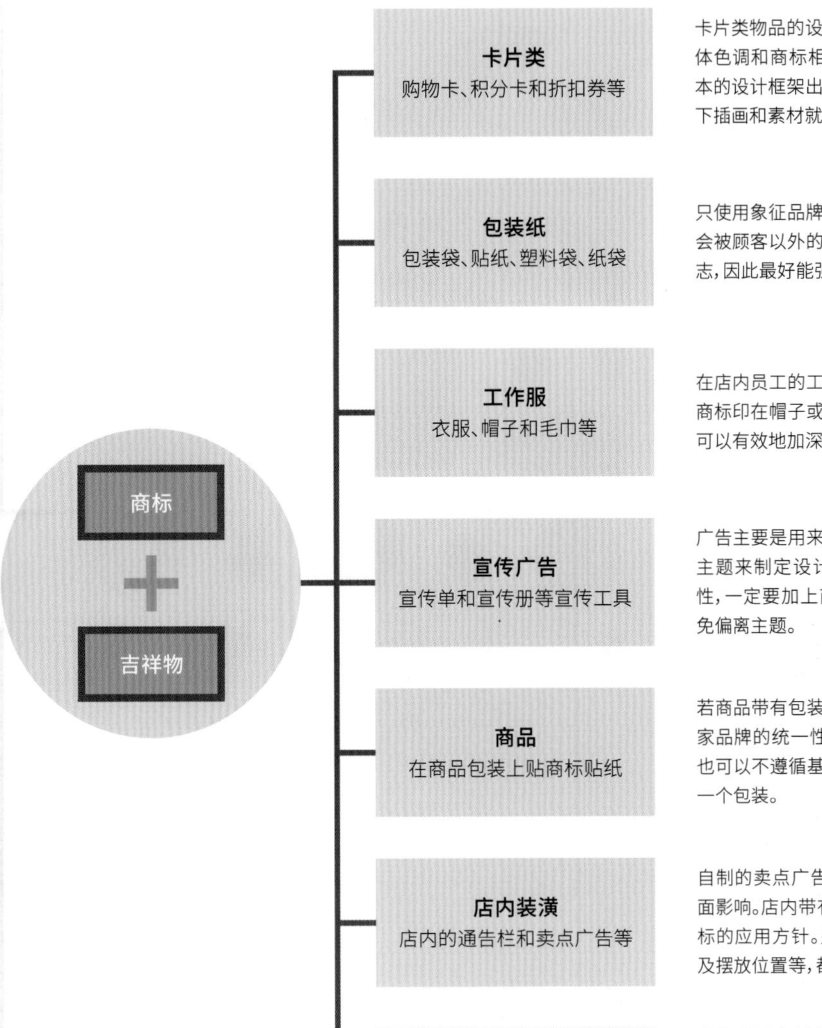

卡片类物品的设计应以商标和吉祥物为主，整体色调和商标相配，统一感就会随之产生。基本的设计框架出来后，接下来只需适当添加一下插画和素材就可以了。

只使用象征品牌的商标和吉祥物。包装纸经常会被顾客以外的人看到，是非常重要的形象标志，因此最好能强调出最基本的企业形象。

在店内员工的工作服上印上商标或吉祥物。将商标印在帽子或衣服的正反面上会十分显眼，可以有效地加深顾客对店铺的印象。

广告主要是用来做内容宣传的，所以需要根据主题来制定设计方案。为了保持品牌的统一性，一定要加上商标，另外在设计的时候应避免偏离主题。

若商品带有包装，则应多考虑一下其包装与自家品牌的统一性。但考虑到商品自身的特性，也可以不遵循基本的企业形象，另外为其设计一个包装。

自制的卖点广告或传单有时会给品牌带来负面影响。店内带有视觉信息的物品都应遵循商标的应用方针。另外还有吉祥物的形象、用途及摆放位置等，都可以和设计师商量。

这些都是店铺的标志，必须用上商标及吉祥物。由于这些东西的设计还需考虑到设计方案和建筑物是否搭配，已经超出了平面设计的范畴，所以最好咨询一下建筑设计师的意见。

商标的拓展应用

商标文字和吉祥物可用于各种地方。虽然本案例中的图稿是设计师自由设计的，但通过购物卡和海报等相关物品的设计稿，我们可以领略到一些企业形象设计方面的要点。

以商标为主的购物卡（左上/左下），以及常用的促销宣传单（右）。在内容丰富多样的版面中附上商标，能给人留下统一的印象。

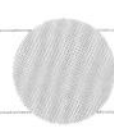

商标的位置和比例

根据版面，按照一定的比例配置商标能起到加深印象的作用。此外，一般还会在商标周围留下一定的隔离区（留白），以确保商标清晰可见。

购物卡上的商标摆在了居中的位置，并稍微放大了一些，显得更为突出。

隔离区是指商标四周的留白区域。

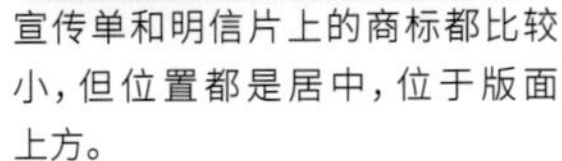

宣传单和明信片上的商标都比较小，但位置都是居中，位于版面上方。

夹在报纸内的传单每次都会采用不同的设计，但商标总是以同一尺寸放在同一个位置，掌控整个版面。

配色方法

基础配色以棕色和橙色为主，背景采用了黄色（Y7%）。购物卡和明信片也使用了这种配色方案。

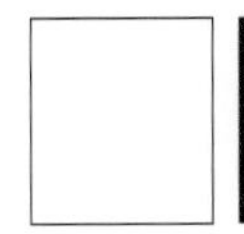

Y7　DIC331s　DIC123s*

基础配色（左上），加强了色彩的40周年纪念传单（右）。左下把照片色阶调白，突出了商标。更改颜色时所使用的颜色，基本也都属于暖色调。

宣传语的组合运用

宣传语经常和商标组合使用，基本上会采用与商标文字及企业口号相同的字体。但宣传语不属于商标，要适当区分开来。

パンです。好きです。食べてます。

FRESH BAKED GOODIES SERVED DAILY

FRESH BAKED GOODIES SERVED DAILY
ADDRESS: 5-30, NISHIHONMACHI, OTA, GUNMA 373-0033 | TELEPHONE: 0276-22-2200 | WEB: www.mypia.co.jp | MAIL: info@mypia.co.jp

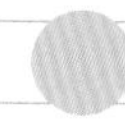

商标运用方案

接下来将介绍一些不同版本的设计，其中运用了6幅插画和1个商标。不同的排版方向和尺寸会带来不同的设计效果。

左边的商标文字和吉祥物的组合是最基本的一种商标运用方案。

这三个版本中的商标、尺寸和方向都不尽相同。横的版本整体是椭圆形的，竖的版本整体是扇形的。

吉祥物插画与商标的组合运用。这里使用了另外5幅吉祥物的插画。

吉祥物的插画非常生动有趣，6幅插画都和商标呈上下排布。顺便再提一下，在设定上，主角是兔妈妈和小兔子，另外一只是兔爸爸。

附录①：Q（级数）、Pt（磅数）换算表

在日本，人们进行设计时常用Q（级数）；而在欧美国家，人们则以Pt（point）为基本单位。迅速将Q换算成Pt是件令人头疼的事情，因此希望本页所列的换算表能对您有所帮助。

Q数	Pt换算（参考値）	
7Q	4.9798Pt	色はにほへど散りぬるを我が世たれぞ常ならむ有為の奥山今日越えて浅き夢見じ酔ひもせず
8Q	5.6912Pt	色はにほへど散りぬるを我が世たれぞ常ならむ有為の奥山今日越えて浅き夢見じ
9Q	6.4026Pt	色はにほへど散りぬるを我が世たれぞ常ならむ有為の奥山今日越えて浅
10Q	7.114Pt	色はにほへど散りぬるを我が世たれぞ常ならむ有為の奥山今日越
11Q	7.8254Pt	色はにほへど散りぬるを我が世たれぞ常ならむ有為の奥山
12Q	8.5368Pt	色はにほへど散りぬるを我が世たれぞ常ならむ有為の
13Q	9.2482Pt	色はにほへど散りぬるを我が世たれぞ常ならむ有
14Q	9.9596Pt	色はにほへど散りぬるを我が世たれぞ常ならむ
15Q	10.671Pt	色はにほへど散りぬるを我が世たれぞ常な
16Q	11.3824Pt	色はにほへど散りぬるを我が世たれぞ常
18Q	12.8052Pt	色はにほへど散りぬるを我が世たれ
20Q	14.228Pt	色はにほへど散りぬるを我が世
24Q	17.0736Pt	色はにほへど散りぬるを我
28Q	19.9192Pt	色はにほへど散りぬる
32Q	22.7648Pt	色はにほへど散りぬ
38Q	27.0332Pt	色はにほへど散
44Q	31.3016Pt	色はにほへど
50Q	35.433 pt	色はにほへ
62Q	44.1068Pt	色はにほ

Pt数	Q换算（参考値）	
5pt	7.028Q	色はにほへど散りぬるを我が世たれぞ常ならむ有為の奥山今日越えて浅き夢見じ酔ひもせず
6pt	8.4336Q	色はにほへど散りぬるを我が世たれぞ常ならむ有為の奥山今日越えて浅き夢
7pt	9.8392Q	色はにほへど散りぬるを我が世たれぞ常ならむ有為の奥山今日越
8pt	11.2448Q	色はにほへど散りぬるを我が世たれぞ常ならむ有為の奥山
9pt	12.6504Q	色はにほへど散りぬるを我が世たれぞ常ならむ有為
10pt	14.056Q	色はにほへど散りぬるを我が世たれぞ常ならむ
11pt	15.4616Q	色はにほへど散りぬるを我が世たれぞ常な
12pt	16.8672Q	色はにほへど散りぬるを我が世たれぞ
13pt	18.2728Q	色はにほへど散りぬるを我が世たれ
14pt	19.6784Q	色はにほへど散りぬるを我が世た
15pt	21.084Q	色はにほへど散りぬるを我が世
18pt	25.3008Q	色はにほへど散りぬるを
20pt	28.112Q	色はにほへど散りぬる
22pt	30.9232Q	色はにほへど散りぬ
28pt	39.3568Q	色はにほへど散
32pt	44.9792Q	色はにほへど
36pt	50.6016Q	色はにほへ
45pt	63.252Q	色はにほ

附录②：标准尺寸表

常用的平面印刷品尺寸对比如下图所示。在复印机上放大到143%，就可变为实际大小。如果需要对印刷品进行讨论或确认其形状，可以参考此图。其中名片有两种类型，企业一般多使用4号。

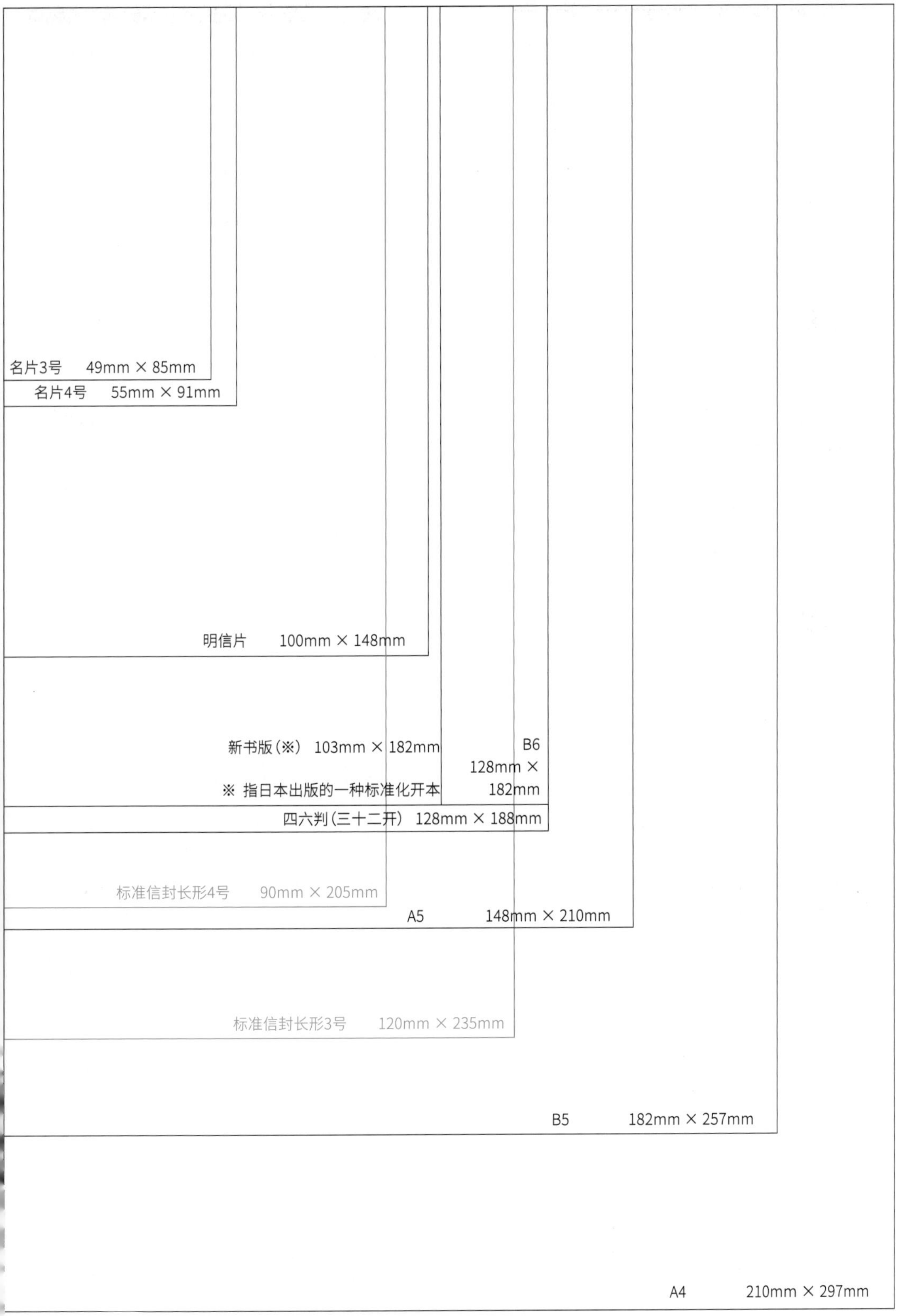

附录③：mm（毫米）、级数（H）、英寸、派卡（12pt）换算表

日本对测量长度的单位使用公制，印刷品对单位的标记要求较为细致，因此几乎所有情况下都使用毫米单位。1Q（H）相当于0.23毫米。除日本外，其他国家也使用英寸或派卡为单位。

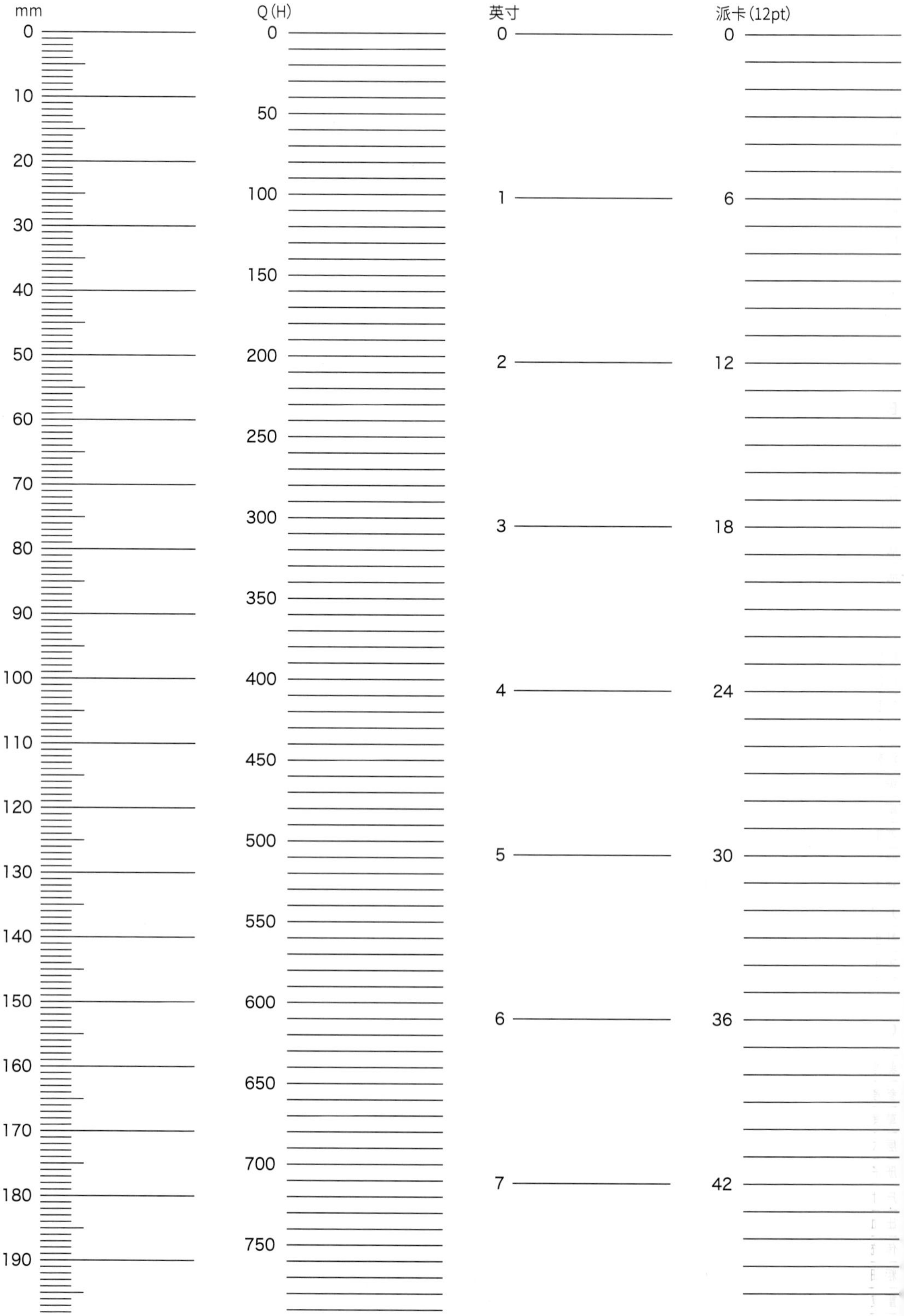

mm
0
10
20
30
40
50
60
70
80
90
100
110
120
130
140
150
160
170
180
190

Q（H）
0
50
100
150
200
250
300
350
400
450
500
550
600
650
700
750

英寸
0
1
2
3
4
5
6
7

派卡（12pt）
0
6
12
18
24
30
36
42

索引

字母数字

A4 15、134
A5 134
AIDA 124
ARPU 155
B5 134
CLV 155
CMYK模式 115
Modern Style 68
New Style 72
Old Style 68、72
RGB模式 115、116
S曲线 117
USM锐化 105

B

白银比 32、89
版面率 30
版面率低 30
版面率高 30
版式 17
版心 21
包装纸 157
饱和度 95
比例 32
比例 159
笔画 73
闭合 58
边框线 81
编组 34、54
扁体字 72
变形 68、71
辨识度 26
标签 122
并列分组 55
补色 96
不对齐 26

C

裁剪照片 114
参考线 149
草案 136、147
层次 58
册子类 16
尺寸 14、112
出血 139
传统字体 72
粗细 68、71、72
重复 80、82
错开 86

D

大标题 21、91
单色印刷 94
单页类 16
导语 21
底端对齐 26
地脚 21
地图 48
点对称 86、88
点阵字体 68
电子媒介 15
店内装潢 157
顶端对齐 26
订口 20
笃头布 20
对比度 58、101、105
对称 27、86
对称式构图 33
对齐 26、80
对折 110
对折+插入页 110

F

反S曲线 117
方格 90
方向 54
方形模块 35
仿制图章工具 116
扉页 20
分割 32
分组 59、63、80、118
风景 18、81
风琴折 110
封面 146
辅助信息区 149

G

功能 62
购物卡 154
骨架 73
关门折再对折 110
惯例 98
规格 112

H

海报广告 10
行间距 46、73
行间距的差异 75
行距 73
行长 46、91
黑白 105
黑体 44、72
横排 24、73
后排版 135
后退色 51、96
互相关联 34
护封 20、146
花体字 70
花纹 54
环衬 20
黄金比例 32、89
灰度 105

J

基本字体 137
加法混色 94
加工 112
加宽A4 134
减法混色 94
江户字体 45
节奏感 42、86
精装本 21
居中对齐 26
矩形照片 114
决定色相 100
均等排列 46

K

卡片 53、157
开放 58

L

栏 21、90
栏间距 21、90
勒口 20、144
冷色 50、96
两端对齐 26
留白 34、40、62、87
流程图 48
罗马体 68

M

毛笔字体 45
蒙版 114
密集排列 46
免费字体 140
面 58
名字 125
明朝体 44、72
明度 95
模式图 48
目标群体 12

N

内容感知移动工具 116
内三折 110
年表 48
年龄层 13
暖色 50、96

P

配角色 97
配色 94、99
拼版 111
拼贴手法 120
品位 113
平衡感 42、86
平装本 21
瓶身标签 122
瓶子尺寸 126

Q

骑马订 21
企业品牌形象 152
前进色 96
前口 20、21
强调 57、62
强调色 97
清理杂点 116
区分 98
曲线 117

R

人物镜头 39
任务 108
日文 72
日语字标 127
融合色 97
锐化 105

S

三分构图法 32
三角形 86

色板面板	103
色彩	50
色彩的三要素	95
色彩的印象	50
色卡	103
色数	16
色调	59、96
色相	95
商标	144、152
商标的位置	159
商品	157
上调高光	117
十字折	110
视线	25
视线的走向	73
视线移动	83
示意图	48
手绘风格	141
手绘风格的素材	141
手写体	70
手写体字体	68
书籍	20
书籍护封	142
书脊	20、144
书眉	21
书签带	20
竖排	24、73
数码字体	68
双色印刷	94
双铜纸	112
说明文字	21
四色印刷	94

T

天地人	86
天头	21
调低灰场	117
调高灰场	117
调整色阶	116
跳跃率	36、76
同色系	101
铜版纸	112
透明度	114
图标	49、80
图表	48
图解	48
图形	58

W

外观	157
外三折	110
网格	28、86
网格间距	90
网格排版	28
网格系统	86、90
网格域	90
网页	25
文字	16
文字的跳跃率	36
文字对齐方式	26
文字排版	24
污点修复画笔工具	116
无衬线体	68
五角色	97、101
物质颜色原理	94

X

西文	68
吸引视线	62
下画线	57、76
下调高光	117
先排版	135
衔接	54
现代字体	72
线对称	86、88
线路图	48、98
象形图	49
小标题	21
小专栏	24
校对	150
信息图	48
性别	13
修补工具	116
宣传册	108
宣传广告	157
宣传语	130、159

Y

颜色的合成	95
颜色渐变	98
颜色模式	95、115
腰封	20、142、144
页边距	21、30、90
页码	21、90
页面的分割	32
页数	112
易读性	26、46
引导视线	25、62、64
印刷色	94
营造气氛	62
硬皮	21
右对齐	26
圆黑体	45
圆形模块	35
运用方案	160

Z

杂志	20
杂志排版	132
长体字	72
照片的跳跃率	38
折页标记	145、149
正负形	61
正文	21
支配色	97
纸张	112
中性色	96
重心	73、86
主画面	38
主色	97
主题	10、18
装订	112
装帧	142
布置资料	119
子画面	38
自由版式	17、29
字标	127
字怀	73
字间距	47、75
字间距的变化	75
字距调整	75
字面	73
字偶间距调整	75
字身框	73
字体	44、74、76
字体尺寸	91
字体家族	68
纵深	58、60、86
走向	54
组合型	125
左对齐	26